20cm F1.5シュミットカメラによる
星雲星団フォトアルバム

及 川 聖 彦

地 人 書 館

【星雲星団フォトアルバムもくじ】

フォトアルバムの見方、使い方 ・・・・・・・・・・・・・・・・・ 4
星雲星団フォトアルバム ・・・・・・・・・・・・・・・・・ 5

（カラー番号）	星　域　名	頁（モノクロ番号）頁
（1）	さそり座アンタレス付近	5／（1）69
（2）	さそり座ζ星付近	6／（2）70
（3）	さそり座M6, M7付近	7
（4）	いて座M8, M20付近	8
（5）	いて座M22付近	9
（6）	いて座M24, M17, M16付近	10／（3）71
（7）	へびつかい座S字状暗黒星雲付近	11
（8）	たて座M11付近	12
（9）	わし座γ星西部の暗黒星雲	13
（10）	や　座	14
（11）	こぎつね座M27付近	15
（12）	はくちょう座網状星雲	16
（13）	はくちょう座の散光星雲（3枚合成）	17
（14）	北アメリカ星雲付近	18
（15）	γCyg付近の散光星雲	19
（16）	デネブ西部の散光星雲	20／（4）72
（17）	はくちょう座まゆ星雲付近	21
（18）	はくちょう座～ケフェウス座境界	22
（19）	とかげ座の無名の散光星雲	23
（20）	ケフェウス座IC1396付近	24／（5）73
（21）	カシオペヤ座M52付近	25
（22）	ケフェウス座NGC7822付近	26
（23）	カシオペヤ座NGC7789付近	27
（24）	カシオペヤ座NGC281付近	28
（25）	カシオペヤ座M103付近	29
（26）	ペルセウス座二重星団付近	30
（27）	アンドロメダ大星雲付近	31
（28）	さんかく座M33付近	32
（29）	みずがめ座NGC7293付近	33
（30）	ちょうこくしつ座NGC253付近	34
（31）	ペルセウス座カリフォルニア星雲	35／（6）74
（32）	ぎょしゃ座M36, M38付近	36／（7）75
（33）	おうし座プレアデス星団	37

（カラー番号）	星　域　名	頁（モノクロ番号）頁
	おうし座の超新星残骸S147（8）76	
（34）	ふたご座M35, NGC2174付近	38／（9）77
（35）	バラ星雲～S Mon付近	39／（10）78
（36）	いっかくじゅう座わし星雲付近	40／（11）79
（37）	オリオン座エンゼルフィッシュ星雲	41／（12）80
（38）	バーナードループ～馬頭星雲	42／（13）81
（39）	バーナードループ～馬頭星雲～M42	43
	バーナードループ～M42（14）82	
（40）	M42～バーナードループ下部	44／（16）84
（41）	M42西部の淡い散光星雲	45
（42）	オリオン座リゲル西部の散光星雲	46／（15）83
（43）	おおぐま座M81, M82付近	47
（44）	かみのけ座Mel.111付近	48
（45）	りょうけん座NGC4631付近	49
（46）	おとめ座銀河団	50
（47）	NGC2477とガム星雲	51
（48）	ガム星雲1	52
（49）	ガム星雲2	53
（50）	ガム星雲パルサー付近の構図	54
（51）	ηカリーナ星雲付近	55
（52）	ηカリーナ星雲と散開星団	56
（53）	バット星雲付近	57
（54）	南十字座	58
（55）	コールサック	59
（56）	ケンタウルス座ω星団付近	60
（57）	ケンタウルス座α,β星付近	61
（58）	大マゼラン雲	62
（59）	小マゼラン雲	63
（60）	さいだん座の銀河	64
（61）	オリオン座リゲル西部の散光星雲	65
（62）	M42西部の淡い散光星雲	66
（63）	さそり座頭部の散光星雲（3枚合成）	67
（64）	オリオン座中心部	68

20cm F1.5シュミットカメラによる天体の撮影 ・・・・・・・・・85

1. 明るいシュミットカメラによる被写対象の可能性 ・・・・・・85
2. 撮影システム／A.シュミットカメラの改造 ・・・・・・85　　B．周辺システム ・・・・・・87
3. 撮影の実際／A．撮影効率と確実性の向上 ・・・・・・87　　B．ピント移動への対処 ・・・・・・87
4. フィルムの選択と現像／フィルムの選択 ・・・・・・88　　B．現　像 ・・・・・・89
5. 画像処理のポイント／A．シュミットカメラの限界 ・・・・・・89　　B．合成写真撮影のポイント ・・・・・・89

フォトアルバムの各星域について ・・・・・・・・・・・・・・・・・90
フォトアルバム索引星図 ・・・・・・・・・・・・・・・・・110
フォトアルバム写真データリスト ・・・・・・・・・・・・・・・・・111

【フォトアルバムの見方, 使い方】

　このフォトアルバムのカラーページでは，星雲の広がりはもちろん，一口に赤い散光星雲といってもオレンジ色から暗い赤まで，さまざまな色相がある点をみてください。
　赤い散光星雲は肉眼では見えない，見えても大変淡いもので，特別に明るい星雲だけが見えるという一般常識が天文ファンにはありますが，淡くてもピンクやオレンジに近い赤で写る部分は，肉眼で見える可能性があります。これは，写真の場合は，光の波長の違いをある程度なら色で表現することができるからです。もちろん，フィルムの感色特性による部分が大きいのですが，目安にはなるでしょう。明るく写っていても，暗い赤色であればそれだけ赤外に近い光であり，眼では見えないということです。
　青い反射星雲は，眼で見える波長域ですが空の透明度が必要です。青い光は，大気に吸収反射されやすく，地上に届くまでにかなり減衰してしまうからです。さらに淡いものですが，黄色い星雲にも気づくことができると思います。銀河周辺部を撮影すると必ず写り込んでくるこの黄色い星雲は，ほとんど空のバックグラウンドの明るさに近く，明るい光学系と抜群に透明度のよい空が必要です。F4クラスの光学系で撮影すれば写りますから，プリント時には注意が必要です。バックグラウンドがニュートラルグレーであるという考えは捨て去るべきです。せっかく写り込んでいる淡い星雲の広がりを，色補正してしまうのはいかがなものでしょうか。
　モノクロページでは，カラーページと同じ星域の写真がほとんどなので，星雲の広がりや構造の違いに注目してください。さらに，暗黒星雲の場合は構造がよりわかりやすくなるので，暗黒星雲の良さを楽しんでいただきたいものです。
　実際に，観望や撮影にこのフォトアルバムを利用される際には，シュミットカメラの写野が10度ほどあり，5cm×7倍双眼鏡の視野よりやや大きいので，観望のときには星雲の広がりを知る参考に，写真撮影のときには構図の決定の参考になると思います。
　また，北を上に掲載してあるので，やや詳しい星図と併用すれば，星雲星団の位置を見つけやすくなっているはずです。さらに，小さいガイド星図をつけましたので，主な天体の星雲番号を確認しやすくなっています。
　記載されている星雲番号の略記号は以下のようになっています。

◇星雲番号略記号

M	: Messier	NGC	: New General Catalogue
IC	: Index Catalogue	Sh	: Sher
Mel.	: Melotte	B	: Barnard
H	: Harvard	Ced	: Cederblad
Gum	: Gum	vdB	: vad den Bergh Waterloo

【星雲星団フォトアルバム】
(1) さそり座アンタレス付近

中心座標　16h33.5m -25°35′
撮影月日　1994.5

(2) さそり座ζ星付近

中心座標　16h56m　-41°30′
撮影年月　1998.3

(3) さそり座 M6, M7 付近

中心座標　17h42m　-35°10′
撮影年月　1994.5

(4)いて座M8, M20付近

中心座標　18h06m　-23°40'
撮影年月　1994.5

(5)いて座M22付近

中心座標　18h36m　-23°35′
撮影年月　1999.6

(6) いて座M24, M17, M16付近

中心座標　18h21m　-15°30′
撮影年月　1999.6

(7) へびつかい座S字状暗黒星雲付近

中心座標　17h24m　-25°40′
撮影年月　1994.5

(8) たて座M11付近

中心座標　18h50m　-06°00′
撮影年月　1997.9

(9) わし座γ星西部の暗黒星雲

中心座標　19h41.5m +10°40′
撮影年月　1997.8

(10) や 座

中心座標 19h47.5m +18° 40′
撮影年月 1997.8

(11)こぎつね座M27付近

中心座標　19h54.5m +21°20′
撮影年月　1997.8

(12) はくちょう座網状星雲

中心座標　20h54m　+31°50′
撮影年月　1994.8

(13) はくちょう座の散光星雲（3枚合成）

中心座標　20h34m +43°30′
撮影年月　1997.8

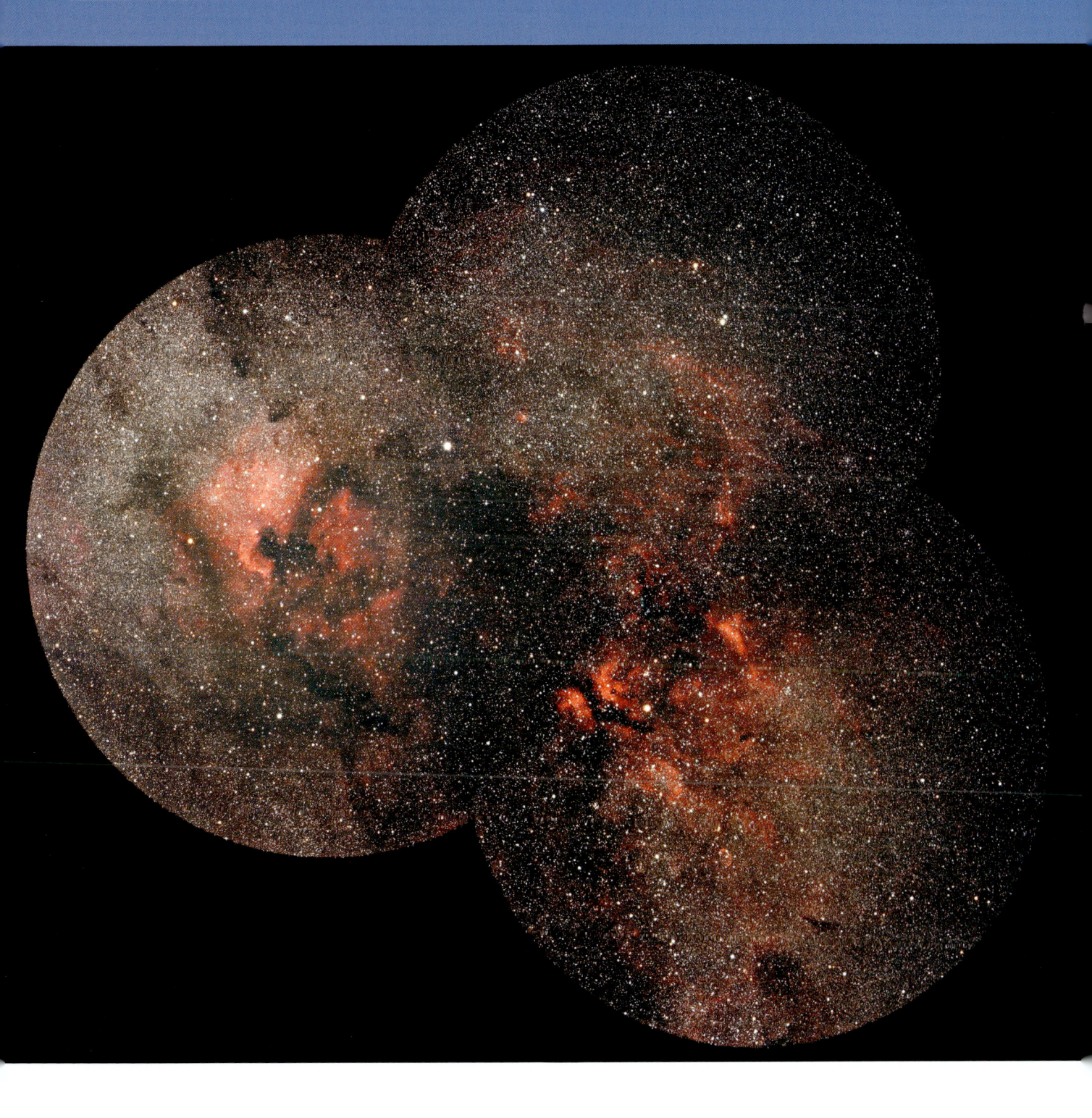

(14) 北アメリカ星雲付近

中心座標　21h00m　+44°20′
撮影年月　1994.8

(15) γCyg付近の散光星雲

中心座標　20h20m　+39°20′
撮影年月　1994.8

(16) デネブ西部の散光星雲

中心座標　20h21m　+46°20′
撮影年月　1994.8

(17) はくちょう座まゆ星雲付近

中心座標　21h41.5m +48°05′
撮影年月　1995.8

(18) はくちょう座〜ケフェウス座境界

中心座標　20h27m　+60°30′
撮影年月　1996.8

(19) とかげ座の無名の散光星雲

中心座標　22h39m　+39°40′
撮影年月　1997.8

(20) ケフェウス座IC1396付近

中心座標　21h31m　+58°55′
撮影年月　1997.8

(21) カシオペヤ座M52付近

中心座標　23h22m　+61°20′
撮影年月　1997.9

(22) ケフェウス座NGC7822付近

中心座標　00h02m　+68°00′
撮影年月　1997.9

(23) カシオペヤ座NGC7789付近

中心座標　23h57m　+56°30′
撮影年月　1997.9

(24) カシオペヤ座NGC281付近

中心座標　00h51m　+56°50′
撮影年月　1997.9

(25) カシオペヤ座M103付近

中心座標　01h31m +63°20′
撮影年月　1997.9

(26)ペルセウス座二重星団付近

中心座標　02h43m　+59°00′
撮影年月　1997.9

(27)アンドロメダ大星雲付近

中心座標　00h45m　+40°40′
撮影年月　1998.10

（28）さんかく座M33付近

中心座標　01h37m　+30°30′
撮影年月　1999.10

(29) みずがめ座NGC7293付近

中心座標　22h31m -21°50′
撮影年月　1998.8

(30) ちょうこくしつ座NGC253付近

中心座標　00h48m　-23°05′
撮影年月　1998.8

(31) ペルセウス座カリフォルニア星雲

中心座標　04h00m　+35° 55′
撮影年月　1997.9

(32) ぎょしゃ座 M36, M38 付近

中心座標　05h26m　+34° 30′
撮影年月　1997.1

(33) おうし座プレアデス星団

中心座標　03h46.5m +24° 30′
撮影年月　1997.1

(34) ふたご座M35, NGC2174付近

中心座標　06h14.5m +22° 35′
撮影年月　1997.1

(35) バラ星雲～S Mon付近

中心座標　06h36m　+07°15′
撮影年月　1997.1

(36)いっかくじゅう座わし星雲付近

中心座標　07h06.5m -10°55′
撮影年月　1997.1

(37) オリオン座エンゼルフィッシュ星雲

中心座標　05h39m　+09°30′
撮影年月　1999.10

(38) バーナードループ～馬頭星雲

中心座標　05h49.5m -00°20′
撮影年月　1996.10

(39)バーナードループ～馬頭星雲～M42

中心座標　05h41.5m -03°40′
撮影年月　1996.10

(40) M42〜バーナードループ下部

中心座標　05h42.5m -07°35'
撮影年月　1997.1

(41) M42西部の淡い散光星雲

| 中心座標 | 05h25.5m -03°15′ |
| 撮影年月 | 1997.10 |

(42) オリオン座リゲル西部の散光星雲

中心座標　05h09.5m -05°15′
撮影年月　1997.10

(43) おおぐま座 M81, M82 付近

中心座標　09h46m　+68° 40'
撮影年月　1999.1

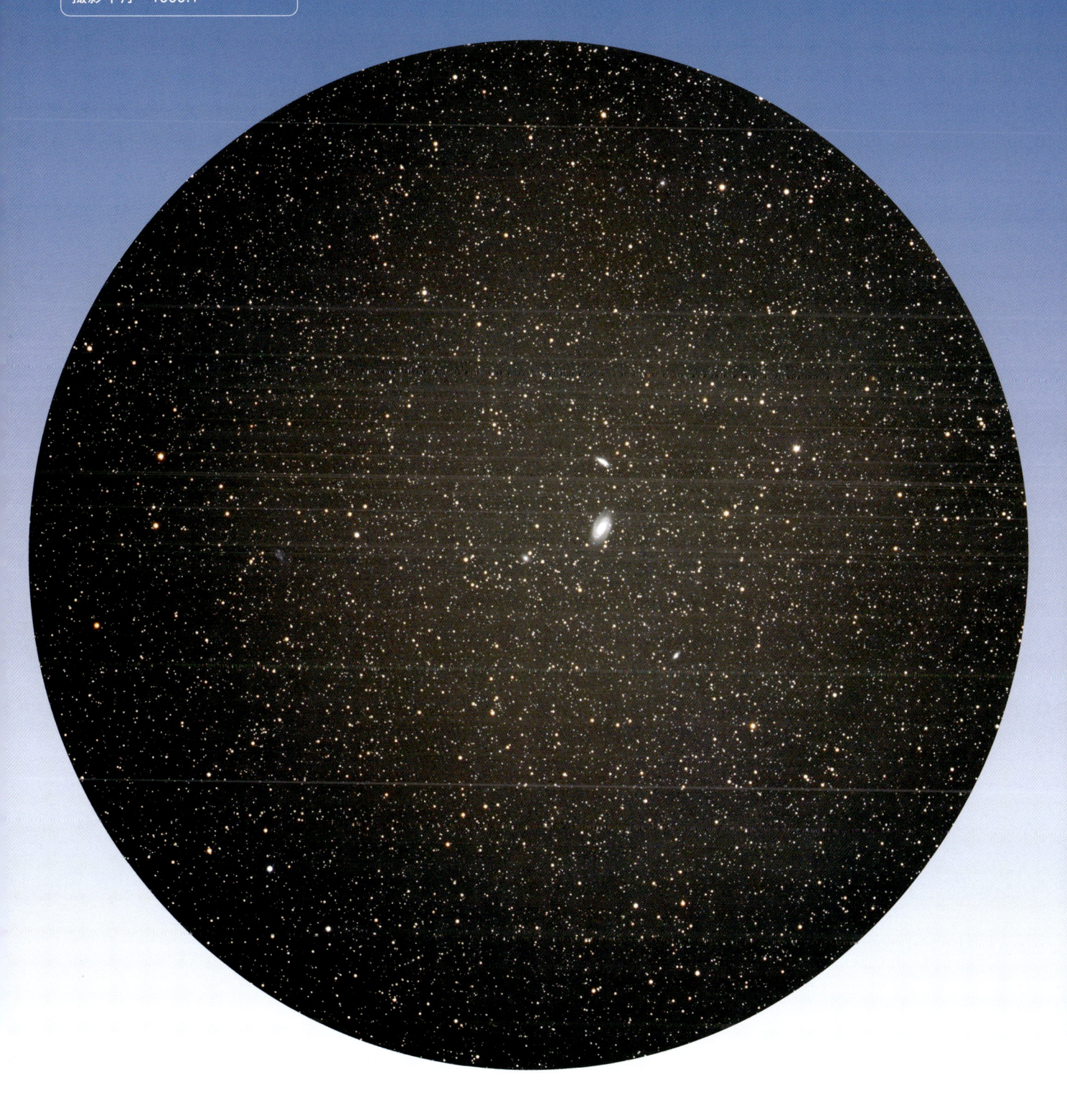

(44)かみのけ座Mel.111付近

中心座標　12h29.5m +26°15′
撮影年月　1998.1

(45) りょうけん座NGC4631付近

中心座標　12h37m　+33°40′
撮影年月　1998.1

(46) おとめ座銀河団

中心座標　12h34m　+12°45′
撮影年月　1998.1

(47) NGC2477とガム星雲

中心座標　07h38.5m -38°30′
撮影年月　1998.3

(48) ガム星雲1

中心座標　08h07m　-52°35′
撮影年月　1995.5

(49) ガム星雲2

中心座標　08h44m　-46°30′
撮影年月　1997.3

(50) ガム星雲パルサー付近の構図

中心座標　08h41m　-42°50′
撮影年月　1994.5

(51) ηカリーナ星雲付近

中心座標　10h48m　-59°30′
撮影年月　1995.5

(52) η カリーナ星雲と散開星団

中心座標　10h44m　-64°10′
撮影年月　1995.5

(53) バット星雲付近

中心座標　11h36m　-63°00′
撮影年月　1995.5

(54)南十字座

中心座標　12h28m　-60°00′
撮影年月　1995.5

(55) コールサック

中心座標　12h52m　-63°00′
撮影年月　1995.5

(56) ケンタウルス座ω星団付近

中心座標　13h15m　-45°50′
撮影年月　1994.5

(57) ケンタウルス座α,β星付近

中心座標　14h20m　-60°25′
撮影年月　1995.5

(58) 大マゼラン雲

中心座標　05h23m　-68°05′
撮影年月　1995.5

(59) 小マゼラン雲

中心座標　00h53m　-72°45′
撮影年月　1995.5

(60) さいだん座の銀河

中心座標　16h41.5m -45°40′
撮影年月　1994.5

(61) オリオン座リゲル西部の散光星雲

中心座標　04h58.5m -06°20′
撮影年月　1996.10

(62) M42西部の淡い散光星雲

中心座標　05h21.5m -03°15′
撮影年月　1996.10

(63) さそり座頭部の散光星雲(3枚合成)

中心座標　16h09.5m -22°45′
撮影年月　1998.3

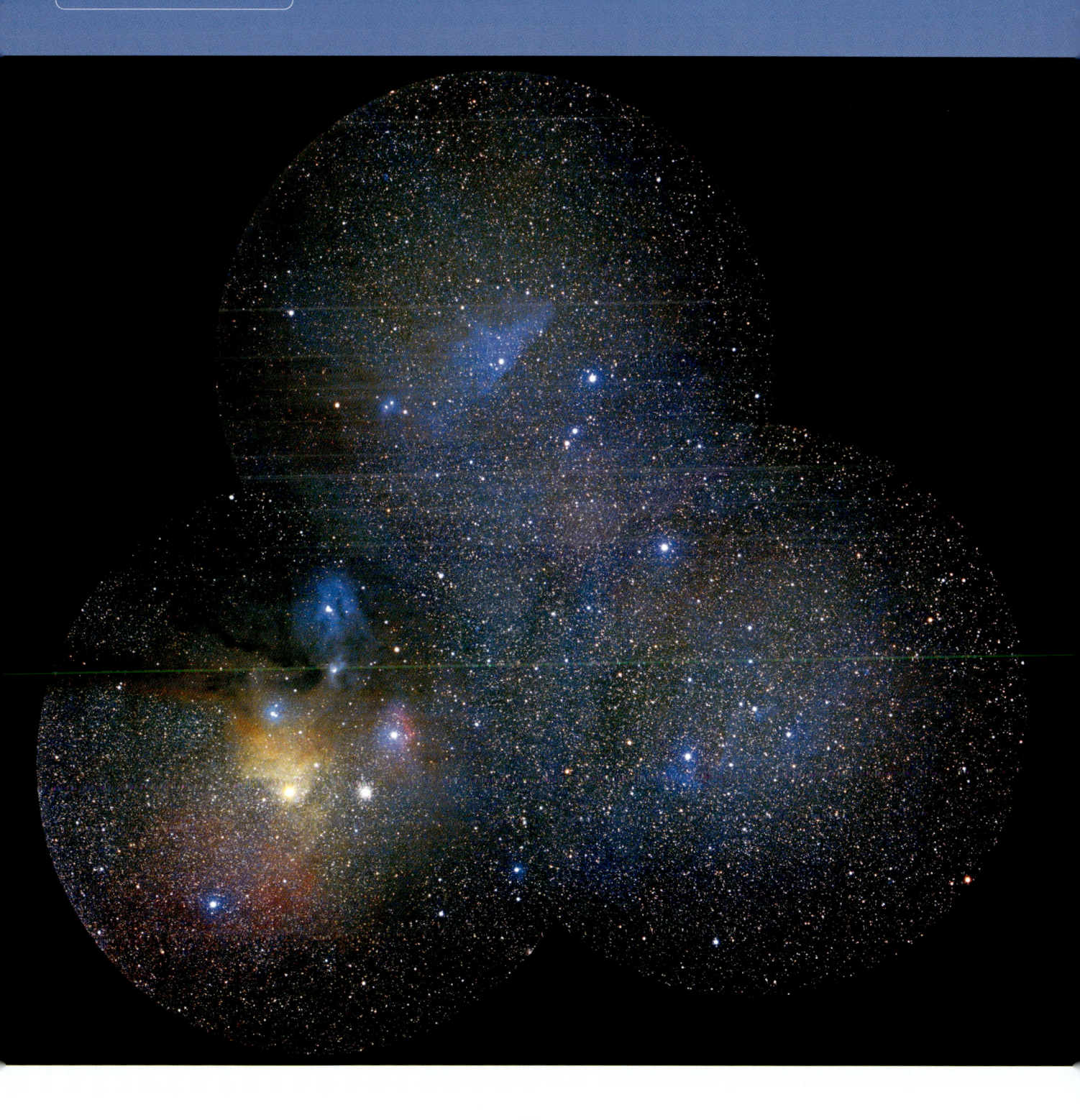

(64) オリオン座中心部

中心座標　05h41m　-02°50′
撮影年月　1998.10

(1) さそり座アンタレス付近

中心座標　16h27m　-27°25'
撮影年月　1995.5　（カラー 1）

(2)さそり座ζ星付近

中心座標　16h54m　-41°35′
撮影年月　1995.5（カラー2）

(3) いて座 M24, M17, M16 付近

中心座標　18h20m　-16°20′
撮影年月　1995.8（カラー 6）

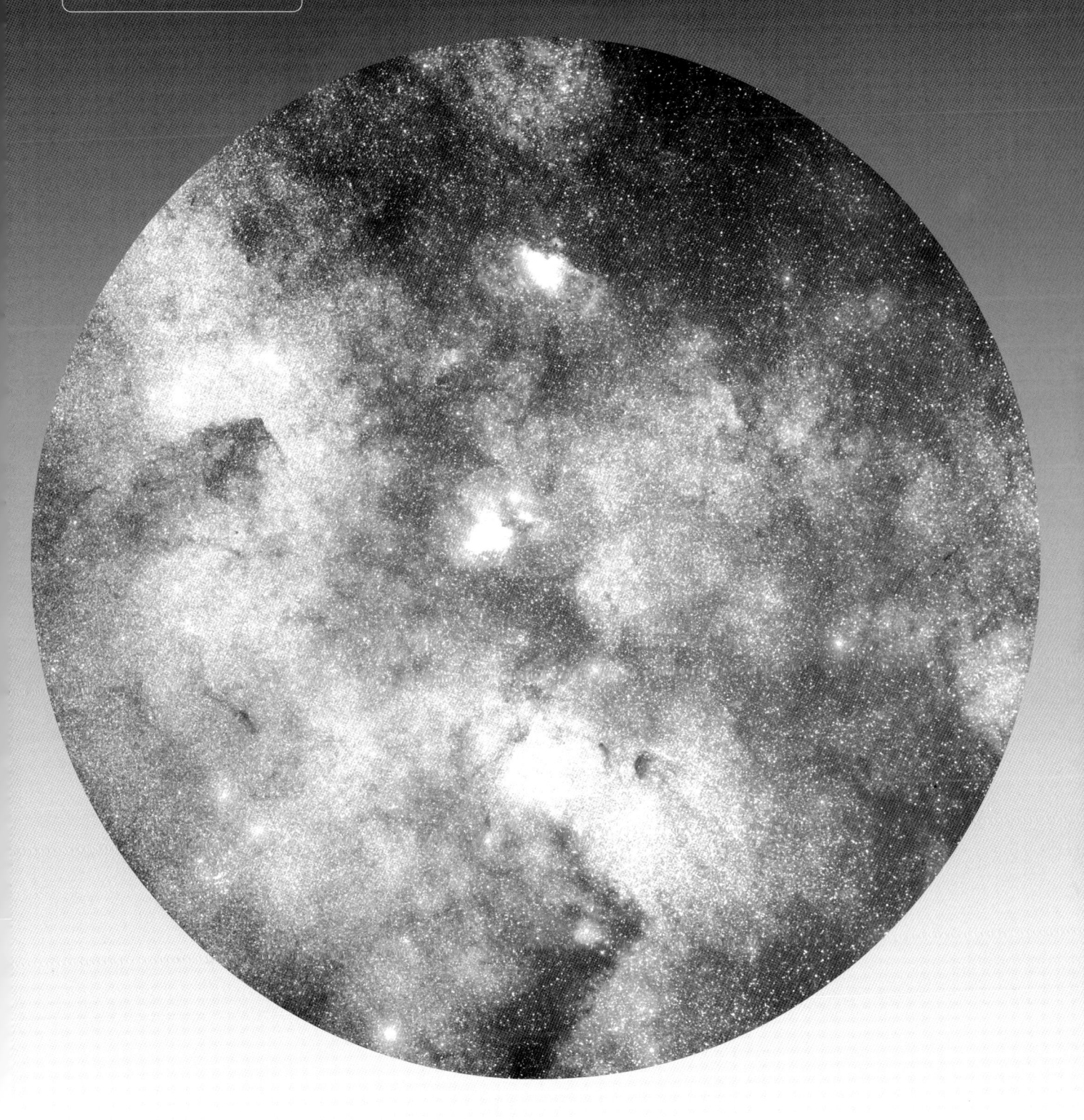

(4) デネブ西部の散光星雲

| 中心座標 | 20h21m +43°50′ |
| 撮影年月 | 1996.8（カラー16） |

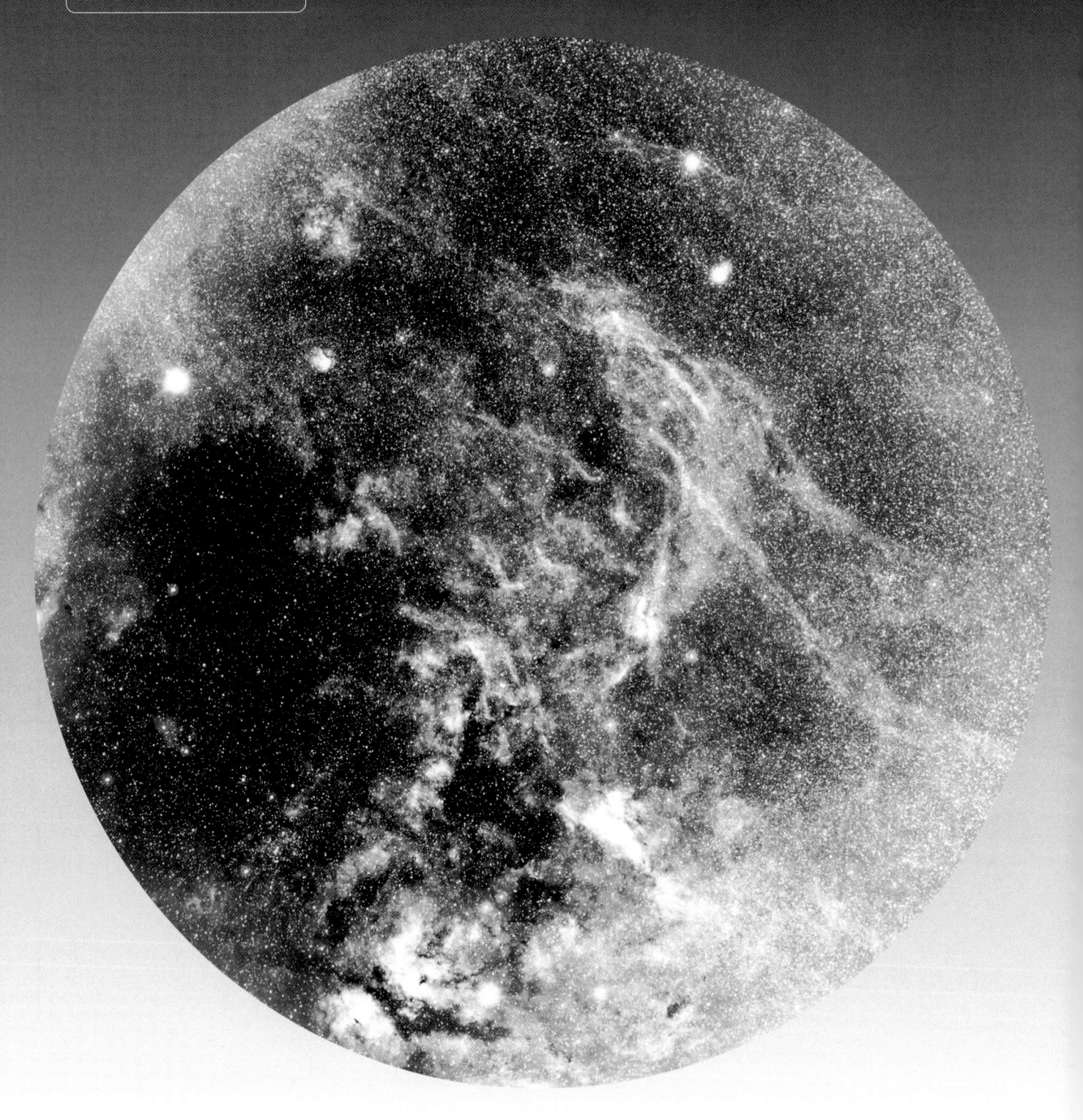

(5) ケフェウス座IC1396付近

中心座標　21h34m　+59°05′
撮影年月　1996.8　(カラー20)

(6) ペルセウス座カリフォルニア星雲

中心座標　04h00m　+35°10′
撮影年月　1997.11（カラー31）

(7) ぎょしゃ座 M36, M38 付近

中心座標　05h27m　+34°55′
撮影年月　1996.2　(カラー 32)

(8) おうし座の超新星残骸 S147

中心座標　05h39m　+27°30'
撮影年月　1996.10

(9) ふたご座M35, NGC2174付近

中心座標　06h14.5m +22°35′
撮影年月　1996.10（カラー 34）

(10) バラ星雲～S Mon付近

中心座標　06h38m　+07° 30′
撮影年月　1996.2　（カラー 35）

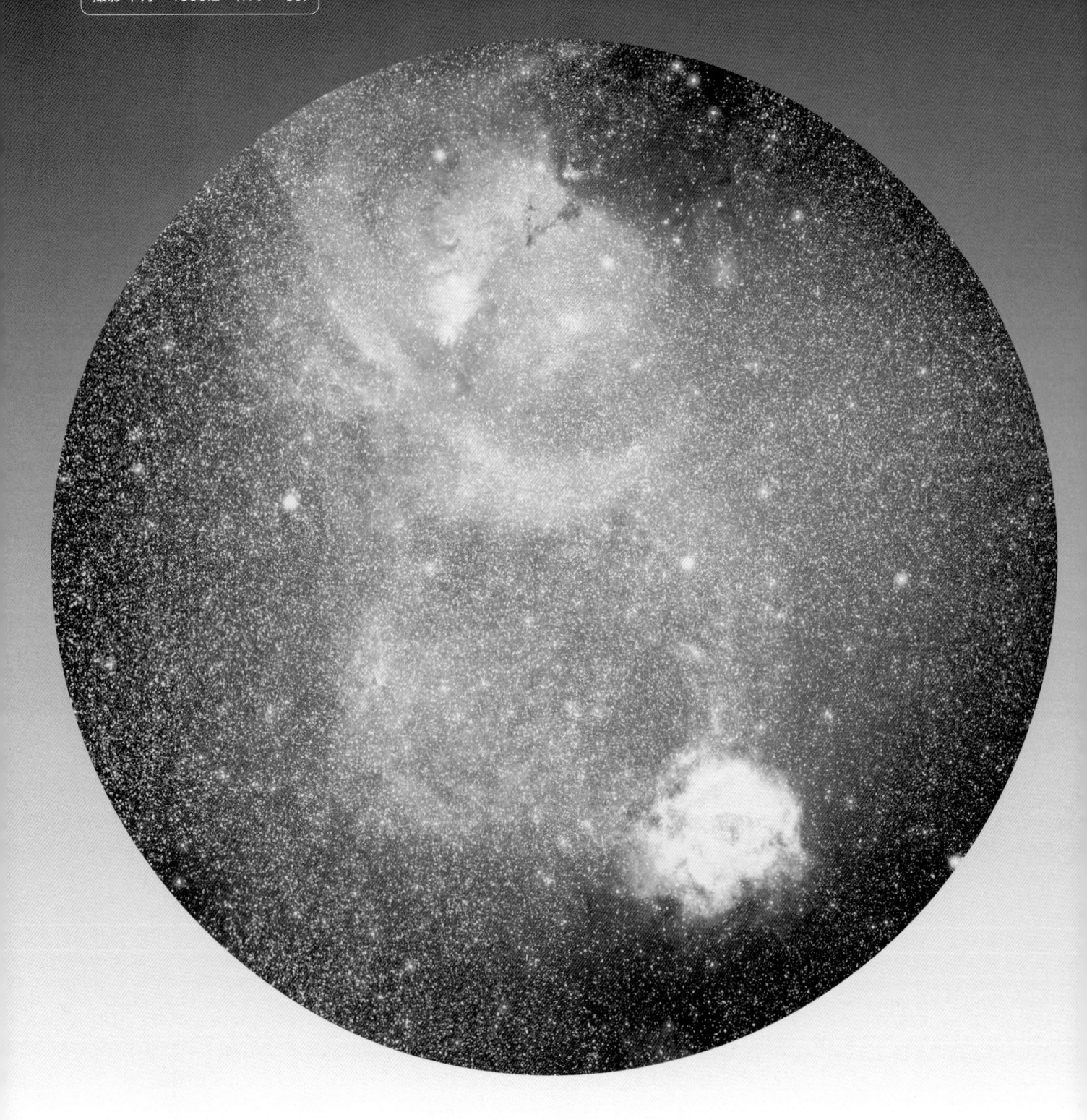

(11) いっかくじゅう座わし星雲

中心座標　07h09.5m -11°20'
撮影年月　1996.1　(カラー 36)

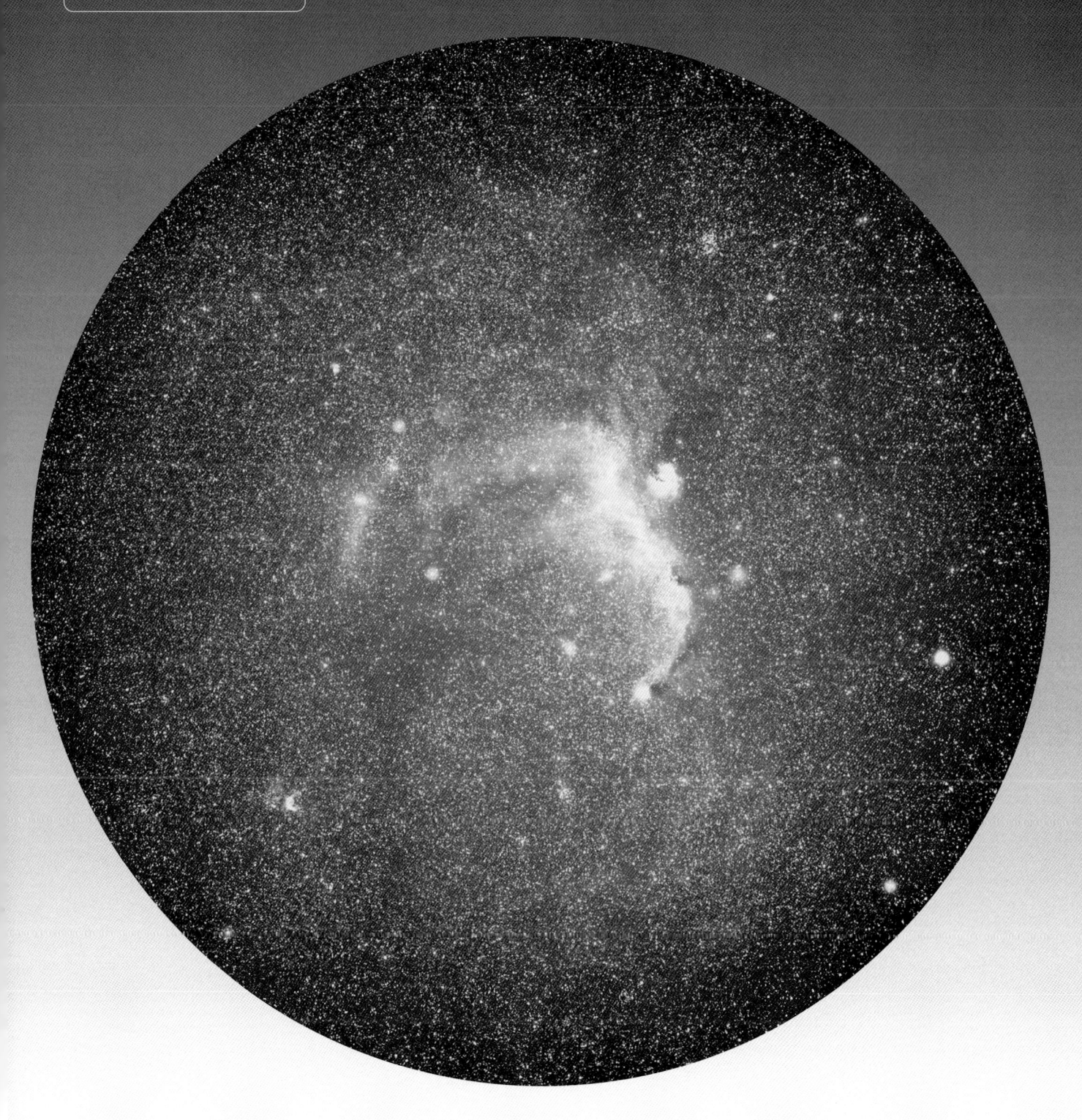

(12) オリオン座エンゼルフィッシュ星雲

中心座標　05h37.5m +09°25′
撮影年月　1997.1 （カラー 37）

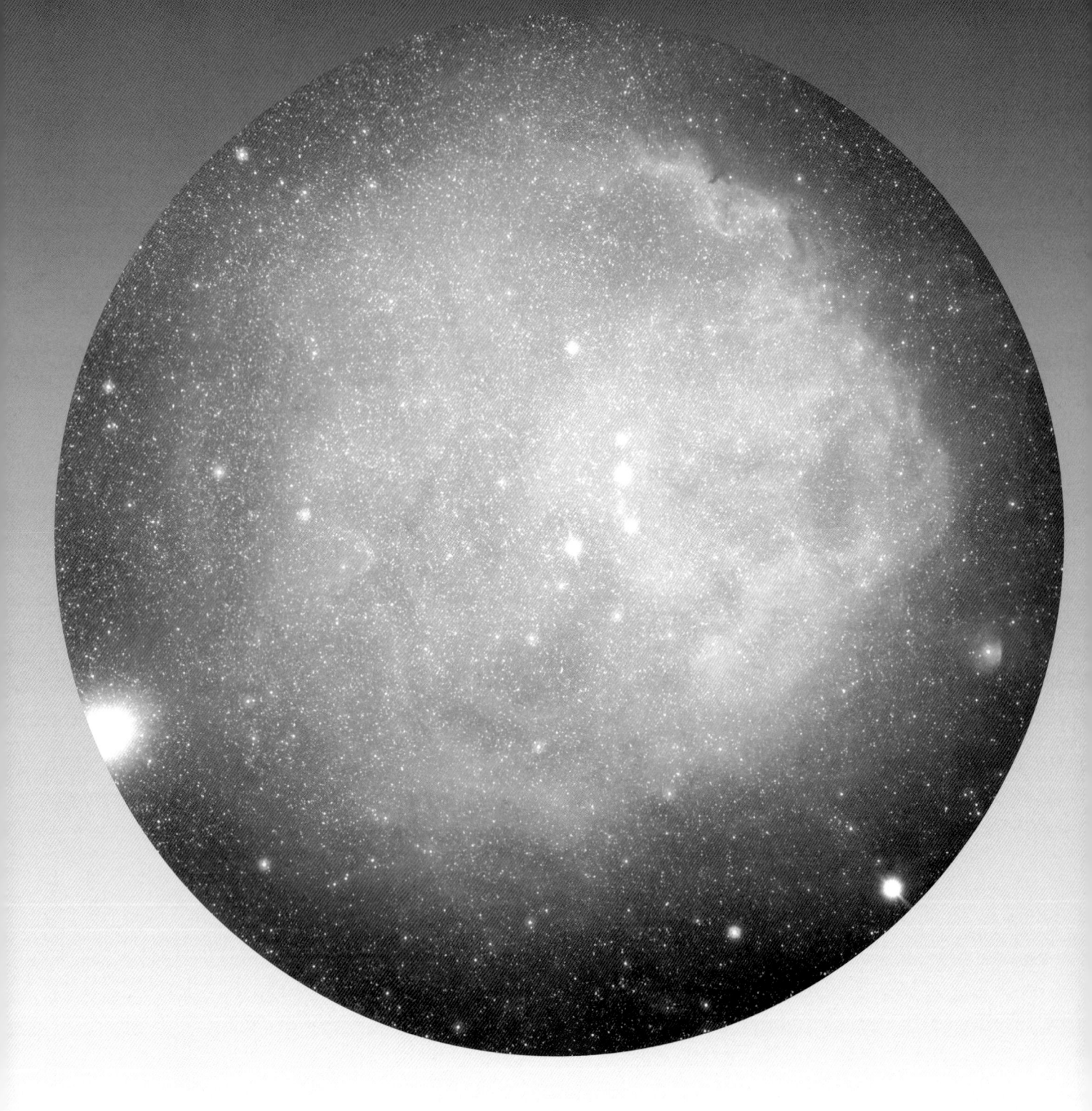

(13) バーナードループ〜馬頭星雲

中心座標　05h48m +00°30′
撮影年月　1997.1 (カラー 38)

(14) バーナードループ〜M42

中心座標　05h49m　-05°15′
撮影年月　1996.1（カラー 39）

(15) オリオン座リゲル西部の散光星雲

中心座標　05h14m　-07°00′
撮影年月　1996.1（カラー 42）

(16) M42～バーナードループ下部

中心座標　05h40m　-06°45′
撮影年月　1996.2（カラー40）

【20cm F1.5シュミットカメラによる天体の撮影】

1. 明るいシュミットカメラによる被写対象の可能性

1980年代，シュミットカメラに水素増感したTPフィルムを組み合わせて撮影した散光星雲の写真は，淡い部分の広がりの捕捉，その解像度とも素晴らしいものがありました。その写真に魅せられた私は，1992年10月にセレストロン製の20cmF1.5シュミットカメラを入手し，多くの改造を加えた後，1994年5月のニュージーランド遠征を契機に，先人がモノクロで撮影した淡い散光星雲のカラー撮影に挑戦しました。

この頃は，カラーフィルムの性能が飛躍的に向上した時期であり，フジフィルムのスーパーG400の出現は，このシュミットカメラによるカラー撮影という当初の目標を容易に達成させてくれました。F1.5という明るさに色彩と階調の豊富なこのフィルムを用いて条件のよい場所で撮影すると，実に色彩の豊富な写真を得ることができたのです。そして，さらに撮影を進めるうちに，星図に記載されていない星雲構造はもちろんのこと，無名の赤い散光星雲や，全天に広がる星間物質が反射する黄色や青色の反射星雲の存在を多くとらえることができたのです。

特に，水素増感TPフィルムにSC64フィルターを組み合わせた長時間露出の写真では，これまでの撮影では表現することができなかった，赤い散光星雲の周辺へさらに広がる淡い構造までも写し出し（カリフォルニア星雲付近），カラーネガの2枚重ねプリントへコンピュータによる画像処理を加えたものは，天の川周辺部にみられる淡い星間物質の広がりまでもとらえることに成功したのです（リゲル西部付近）。また，彗星の尾や流星痕の微細構造の描出には，他の光学系で撮影された写真とは一線を画するものがありました。

撮影をすればするほど，このシュミットカメラによる被写対象の可能性は増大していきました。F1.5の明るさを単純に他のF値の光学系と比較すると，フィルムのISOが同じであれば，撮影に必要な露出時間はF値の二乗に比例していきます。F2.5の標準的明るさのシュミットカメラと比較すると，

　　　1.5×1.5＝2.25，　2.5×2.5＝6.25，　6.25／2.25＝約2.8，

となり，F1.5で1時間露出した場合，F2.5で同じフィルム濃度を得るには，約2時間47分の露出が必要という計算になります。実際には，フィルムの低照度相反則不軌の影響でもっと多くの露出時間になるでしょうし，3時間を超える露出時間では撮影の成功率や効率の問題も大きく影響してきます。F2.5との比較でもこれだけの差があるわけですから，F4やF8の光学系では比較にならないわけです。

しかし，これは光害のない理想的な空での話しで，日本のようなどこへ行っても光害のある空では，明るさが禍してしまいます。本州でも条件のよいと思われる撮影地（乗鞍畳平駐車場：標高2,700m，しらびそ峠：標高1,900m等）でも，ISO400のフィルムで撮影すると数分でバック濃度が飽和に達し，それ以上の露出がかけられなくなるのです。現在，透明度の高い山岳地帯以外では，ISO400のフィルムでのカラー撮影は無理な状態です。したがって，平地における撮影ではフィルターを用いたモノクロ撮影か，低感度のISO100程度のフィルムに限定されてしまいます。ニュージーランド等のほとんど無光害の場所で撮影すると，大変色鮮やかで星雲の淡い構造がくっきりと写し出されるだけに，もし，このシュミットカメラを空の暗い場所が至る所に残っていた20年前に入手していたらと考えてしまうのは，私だけでしょうか。

このシュミットカメラの最も優れている点は何かと問われれば，即座に「広域に広がった淡い構造の描出」と答えます。数十秒の露出で星雲構造を精細に写すことができるからです。この露出時間ならば，長時間露出（通常の昼間撮影では数秒を超える露出は長時間露出といえる）で問題となる低照度相反則不軌やカラーバランスくずれの影響もあまりなく，被写体を撮影できるのです。バック濃度が上がるというのは，フィルムの粒子のほとんどが感光するということで，粒状性も色再現性もよいということ，もっと簡単には，昼間の写真撮影に近い条件で撮影しても，天体写真にありがちな露出不足の写真にならず，そのために，通常の光学系では写らなかった淡い星雲構造が色彩豊富に撮影できるのです。実際に天の川の周辺部を撮影すると，いろいろな色の複雑なガス雲が写り込んでくることは前述したとおりです。

最近はコンピュータによる画像処理を加味し，複数コマを合成した広域な星野の淡い星雲構造の表現に取り組んでいます。今後はこの手法により，新たな被写体の可能性を追求していきたいと考えています。

（第1図）シュミットシステム全景

2. 撮影システム

A. シュミットカメラの改造

このシュミットカメラは23cmφメニスカス形の薄い主鏡に20cmφCPを組み合わせたもので，改造前は主鏡やCPの調整機構もなく，フィルムホルダーは35mmフィルムをカットし，マグネット方式によってホルダー部に装着する構造でした。まるでおもちゃのようなもので，試写の結果は惨憺たるものでした。

しかし，先人の作例はシャープかつ素晴らしい写りで，この光学系の優秀さを証明していましたので，私としてはその光学系だけを利用し，鏡筒とフォルダー部は別に特注で作製するつもりでいました。

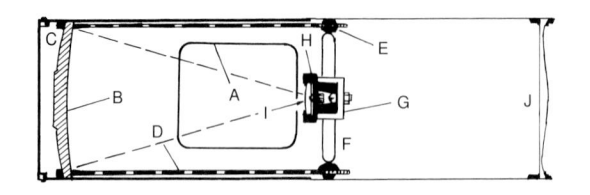

（第2図）シュミットカメラ内部構造図

A：装填窓　　B：主　鏡　　C：主鏡セル　　D：インバー棒
E：スペーサーナット　F：スパイダー　G：フィルムホルダー固定装置
H：フィルムホルダー　I：フィルム　　J：補正板

a．改造前の主鏡部・スパイダー部の構造

筒端の枠の内側に主鏡の調整金具を付けたうえで，調整後にミラーをシリコンコークで接着。スパイダーはニュートン式によくあるように薄い板材で脚部を作り，外に引っ張っている。引っ張られるのはニュートン式と異なって筒ではなく，筒内に入るリングに固定されていました。CPは直径が測る場所によって1mmも違ったうえに，面取りもされていませんでした。

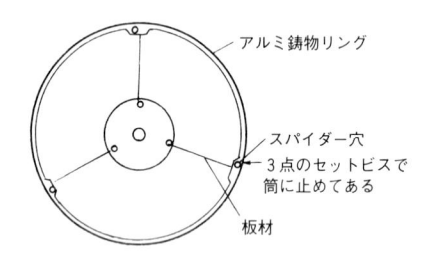

（第3図）スパイダー

b．改造後の主鏡の構造

改造はできるだけ現在の鏡筒を利用し，主鏡セルと調整ねじの追加を行いました。

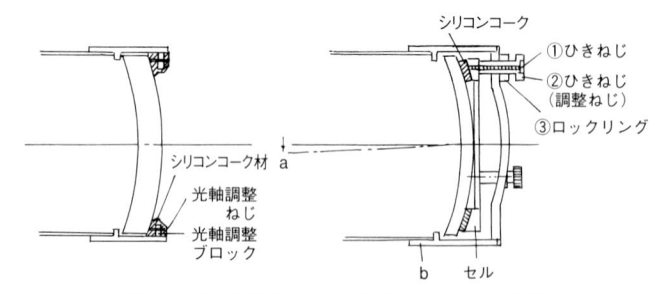

（第4図）主鏡部・左：改造前，右：改造後

★図で矢印aの方向へ動かしたい時は
1. ①を緩める。
2. ②がひきずられて回らないように，②を固定しながら①を緩める。
3. ②を右（水道を止める方向）へ回す。
4. ②が回らないように①と③を固定する。

※調整できる量は約±2mmで，筒についている枠bには当たらないように作成してあります。スキマは0.5mm程度しかないので，強いショックで主鏡が枠bに当たる可能性があり，あまり前に出し過ぎないようにする。

☆フィルムフォルダー部の構造は日本特殊光学製のNTP-16と同じ。

以上のように各部を改造し，光軸調整は最終的に八王子市の清水盛通さんにお願いしました。その際にわかったことですが，計算による中心と周辺の高さの差は1.13mmですけれども，フィルムフォルダー圧板の曲率が少しゆるく，実測では1.09mmと0.04mmの差があり，焦点深度である0.01mmを超える値となっていることです。実際に中心部でピントを合わせると，周辺部における星像直径は平均40μくらいになりました。中心部は平均20μを達成しています。そこで，写野中心を拡大する必要のある対象は別として，当初は中間部分にジャストピントがくるようにして使用していました。現在は再研磨を行い，全面にわたってシャープなピントが出るようになっています。SCフィルターを使用した場合のピント移動量は約0.04mmでした。この移動量はF2.5程度の明るさのシュミットカメラでは問題になりませんが，私のシュミットカメラでは目盛りで4目盛りの修正になり，完全にピンボケ写真になります。

最終的な改造点は以下の通りです。

1. 主鏡の光軸調整装置
2. フィルムフォルダー部の光軸調整および合焦装置
3. フィルムフォルダーを52φ円形フィルム仕様に（フィルムフォルダーを3個特注）
4. 主鏡セルにアルミ板とシリコンを入れて主鏡の光軸が狂いにくいように改造
5. フィルムの吸引装置
6. 鏡筒内部に遮光紙

改造の結果，鏡筒はそのままとし，内部の主鏡セル部分とフォルダー部分の改造だけで済みました。したがって外見は以前のままですが，内部構造がまったく違う20cmF1.5シュミットカメラが誕生したのです。

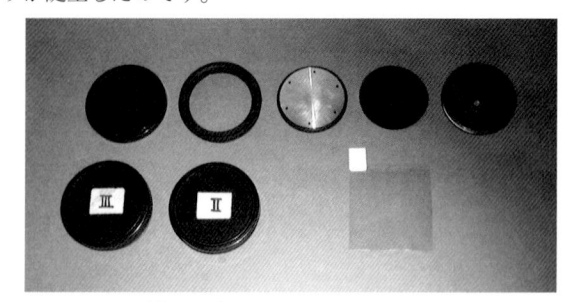

（第5図）フィルムフォルダー

B. 周辺システム

このシュミットカメラの鏡筒重量は7kgと軽いため，架台を含めた周辺システムをかなり軽量化することができました。

架　　台：ペンタックスMS-4赤道儀
ガイド鏡：高橋FC50鏡筒
追尾装置：ST-4
画像処理：コンピュータ；FMV－Desk Power TS150MHz
　　　　　　　　　　　メモリ112Mb
　使用ソフト；Photoshop 4.0J
　画　像　入　力；プリント→Microtec Scan Maker E6
　　　　　　　　　フィルム→フジピクトロスタット
　　　　　　　　　　　　　　デジタル400
　　　　　　　　　（天文ショップ三ツ星さんへ外注）

（第6図）CPシステム

3. 撮影の実際
A. 撮影効率と確実性の向上

この撮影システムの組み立ては撮影開始まで15分程度で済み，三脚は軽量なアルミタイプなので撮影地の地形が複雑な場合でも心配が要りません。したがって，彗星など撮影時間が限られる対象や天候が不安定で晴れ間を探して移動しているような時でも，非常に有利に撮影を進めることができます。さらに，ISO400のフィルムで数分，ISO100のフィルムで10～20分で露出が終了するので，一晩に多くのコマが撮影でき，空の非常に広い星域をカバーすることが可能です。この特性を生かすために撮影効率の向上と確実性を上げることがポイントとなりました。

フィルムフォルダーのフィルム交換を手早く行えば撮影速度を上げることができます。　現在は，暗箱を使用してその中でフィルム交換をしています。交換には1分程度の時間があれば充分です。また，フィルムフォルダーごとにフィルムの種類を変えることができるので，対象によって数種類のフィルムで撮り分けることができます。実際にヘール-ボップ彗星の撮影では，水素増感TP4415・SuperG ACE400・E100Sの3種類のフィルムを使用しています。

撮影の確実性は，数分の露出においてもST-4による自動ガイドを行うことによってほぼ100％の確率になりました。ただ，広写野（12度）での撮影のために方向を十数回も変えていると，システム全体にくずれが生じてきます。特に極軸が狂ってくるのですが，露出時間が短いために写野の回転が少なくてすみます。これが長時間露出であれば，自動追尾させたとしても，極軸が正確でなければ写野の回転が起こるわけですから，短時間の露出で済むメリットは非常に大きいということです。

シュミットカメラはCPがあるので露対策は不可欠ですが，私の方法は少し乱暴で，CPに直接テープでヒーターを貼り付けています。フィルムフォルダー部の大きさとちょうど同じ丸型のサミコンヒーターを入手し，利用しています。この方式は，CPへ熱による変形を生じさせ，星像の悪化をまねきそうですが，実際にはほとんど影響はありません。フィルムフォルダー部によって光路が隠されている関係で，その部分を通過する光がほとんどないからだと考えられます。

また，決して忘れてはならないことに，手から発生する汗の影響があります。素手のままフィルムフォルダーを何度も交換していると，手から発生する汗のためにシュミットカメラの鏡筒内の湿度が高くなり，主鏡やCPを曇らせてしまうのです。その対策として私の場合は，薄い料理用のビニール手袋を使用しています。絶対に忘れることのできない必需品ですから，荷物の中に何カ所にも分けて持って行くことにしています

B. ピント移動への対処

このシュミットカメラは，主鏡とフィルムフォルダー部がインバー棒で接続されており，気温が大きく変化しても鏡筒の伸縮による焦点距離の変化をキャンセルできるような構造になっています。しかし，実際には気温による焦点距離の変化が生じて，何度もピンボケの写真を作ってしまいました。撮影をはじめて以来，この温度変化によるピント移動への対処が最大の難関になっていました。現在では，テスト撮影を繰り返すことによって3℃の変化で1／100mmほどリニアに変化することがわかっています。このテスト撮影ですが，平地では－5℃～－15℃などの気温は生じにくいので，現地のデータが必要であり，結果を得るまでに2年間ほどかかってしまいました。F1.5の光学系では，1／100mmの変化で星像にボケが生じ，2／100mmのずれでピンボケ写真になってしまうきびしい条件があります。そのため，撮影前は必ずテスト撮影をして，現地現像でピント位置を確認してから撮影を開始しています。また，常にデジタル温度計によって温度変化を監視し，3℃の変化があればフィルムフォルダー部の焦点調節リングを調節して，適正なピントを

得るようにしています。10℃以上の変化では，再度テスト撮影をしています。

なお，現地現像といっても実際にカラー現像を行うのではなく，カラーフィルムをモノクロ現像液であるD19で現像してしまいます。モノクロ現像液でカラーフィルムを現像できるのです。現像の方法も写真で見る通り非常に簡便で，現像後はそのままですぐにライトボックスの上にのせてピントを確認します。また，現像液が手につかないように円形フィルム用の簡易現像枠を使用しています。この現像枠は，大阪の三島さんの考案で大変重宝しています。

(第7図) 現地簡易現像セット

しかし，今のところ気温変化による焦点移動の原因はわかっていません。主鏡の変形でないことは計算によって示されていますので，それ以外に原因があるようです。少なくともリニアに変化するわけですから，物質の収縮に関係するものらしいのですが？

しらびそ峠で実測したところ，短時間に3℃ほどの変化を起こしていることがわかりました。冬の峠の撮影では，乾燥した空気の流れによって頻繁に温度が変わっているわけで，試写によるピント確認を用いてもベストピントのコマを得るチャンスが少ないことを理解していただけると思います。

4．フィルムの選択と現像
A．フィルムの選択

撮影に使用するフィルムは，サークルカッターを用いブローニーフィルムから58mmφに円形カットしたものです。ブローニーフィルムは，カットする前に裏巻きをしてカールをとる必要があります。夏で1日，春秋3日，冬で一週間が目安となります。このようにして，カールをとったブローニーフィルムからは6コマの円形フィルムが得られます。

カットした円形フィルムは，透明なフィルム保管袋に入れ，ダークバックの中でもフィルムの種類と裏表がわかるように，左角に紙を貼っておきます。フィルムの種類はその紙の形で判別できるようにしてあります。また，表裏は左角に紙がくるようにして，フィルムを袋から取り出してフィルムホルダーに落とし込めばよいようにしてあります。

現在，使用しているフィルムの種類は3種類で，フジSuper G ACE400(現在は製造中止)・コダックE100S・水素増感TP4415です。それぞれがネガ・ポジ・モノクロで，このシュミットとの相性のよいフィルムです。それぞれのフィルムの特徴について簡単に説明すると，

○Super GACE 400····非常に階調豊富なフィルムで粒状性もよく，どの色もバランスよく写ります。ニュージーランドなどの無光害地での撮影では，特に威力を発揮します。このフィルムで撮影すると星雲の微妙な階調や色彩の違いが描出できます。しかし，少しでも光害があるとすぐにバックグラウンドが飽和に達し，カラーバランスもくずれてしまうので，まったく別もののような写りになってしまいます。ここ数年間は，日本の撮影地において良質なネガが得られていません。それは，乗鞍岳畳平駐車場のような透明度の高い場所でも例外ではなく，日本の空は光害だらけということです。以前は，5分露出まで可能でしたが，現在は3分が限界になっています。それでも周辺減光のあるネガになり，プリント時の補正に苦労させられます。

○E100S····ISO100のフィルムですが，実効感度はそれ以上で，非常にバックグラウンドの暗い空でも比較的短時間で適正露出となります。E6標準現像では，

　　　　ニュージーランド……30分
　　　　乗鞍岳畳平駐車場……20分
　　　　しらびそ高原…………15分

で適正露出です。もちろんこれは，天頂付近の最も暗い空に対するもので，銀河の明るい部分の撮影や低空の撮影では，さらに露出時間が短縮されます。このフィルムは赤い星雲がよく写り，Super GACE400でははっきりしない星雲もくっきりと浮かび上がってきます。また，黄色の星雲もよく写り込んでくるので，最近はこのフィルムで黄色い星雲を撮影することを一つの課題としています。そして，青も比較的よく写り光害にも強いので，最近の日本におけるカラー撮影ではこのフィルムに限定しています。それと，ピクトロスタットデジタル400との相性も，ネガよりポジの方がよいので，現在はこのフィルムが常用フィルムとなっています。

○E200····ISO200のフィルムですが，E100S同様に実効感度はそれ以上で，Fの暗い長焦点の撮影でも使用可能です。E100Sと比較するとやや青い星雲の写りが不足するものの，赤い星雲が非常によく写ります。昔のフジカラーR100のようです。さらに粒状性もよいので，赤い星雲の淡い構造を描出したい場合は，こちらのフィルムを選択することになります。光害の緑のかぶりにも強いこのフィルムは，今後の撮影では対象によってE100Sと使い分けていくことになりそうです。

○水素増感TP4415····モノクロでは，このフィルムの右に出るものはないといってよいでしょう。もともとコピー用フィル

ムなので粒状性は抜群によく，感光波長域も広いのでどの色もよく写ります。また，光害地でも赤い星雲ならばフィルターワークによって充分に撮影可能です。SC64で1時間，SC60で20分，SC58で15分が適正露出です。もちろんこれは比較的光害の少ない場所の場合です。しかし，よいことずくめのフィルムではありません。水素増感をしなければ，このフィルムは天体撮影に適するものにならないからです。また，水素増感したこのフィルムは非常に湿気に弱く，水分を含むとすぐにカブリを生じてしまいます。撮影後はできるだけ早く現像する必要があります。私は，ほとんどの場合そのまますぐに現地で現像してしまいます。

B. 現像

3種類のフィルムを使用して撮影していることは前述したとおりですが，それぞれのフィルムに適した現像を行うことが大切です。

○Super GACE400‥‥ハイコン（30℃，5分）

どんな色に対しても非常に階調豊富で，淡い部分の色再現性はよいのですが，明るい部分については逆にコントラスト不足になりがちです。また，やや赤色が写りにくいので，星雲構造などをはっきりさせるにはコントラストを上げてやる必要があります。残念ながらこの現像液は製造中止になっているので，現在はナニワカラーキットをネガ現像に使用しています。

○E100S・E200‥‥E6処理標準現像

E6処理は7行程あり，1回の処理に1時間を要します。しかし，安定した結果を得ることができます。この現像液は1ガロン単位での購入になり，使用する際は473mLずつに調合しています。1つの現像液の現像回数は，3回程度までは結果にあまり影響がありません。

○水素増感TP4415‥‥D19（20℃，5分）

この現像液は粉末状ですが，溶解して1ガロン単位での購入になります。E6現像液同様に小分けして使用しています。この現像液はかなりタフで，液が相当黒くなるまで使用可能です。

5. 画像処理のポイント

A. シュミットカメラの限界と表現の工夫

F値の明るいシュミットカメラの特性を活かすべく，淡く広がる星雲の描出を目標として撮影を積み重ね，何点かの満足すべきプリントを得ることができました。しかし，カラー撮影の場合は，ネガの2枚重ねでハイコントラスト化を図っても，プリント濃度の不足で星雲構造を充分に描出できない対象が多くありました。特に青い星雲や黄色い星雲のほとんどが濃度不足でした。しかも，カラーの銀塩処理では，暗い室内で数日間に及ぶ徹夜の作業が必要で，撮影に要する以上の体力も必要でした。一度溶解した現像液が，冬場でも数日間しか持たなかった

からです。さらに夏場では，1日しか持たないために費用の面でも大変になりました。

CP処理は，明るい室内でプレビューで結果を確認しながら，数値で処理ができるので，体調にあまり左右されずに好結果を得ることができます。また，補正範囲が比較にならないほど大きく，かなりカラーバランスのくずれたネガでも補正可能です。CP処理の場合は，データのデジタル化が必要になるわけですが，当初はブローニーフィルムに対応するスキャナーの価格が100万円を下らず，プロショップに依頼しても1コマ8,000円程度かかる時代でしたから，私は別の方法を取りました。ピクトロスタット300でプリントしたものを，フラットベッドスキャナーで読みとることによってデジタル化し，ほぼ期待した結果を得ることができました。この方法は思ったより好結果で，良質なプリントを得ることができれば，現在でも非常に有効な手段です。出力はピクトログラフィー3000を使用していました。最近は，スキャナーとプリンタ機能を合わせ持ったピクトロスタットデジタル400でデジタル化し，プリントを行っています。このピクトロスタットデジタル400の出現により，シュミットカメラでとらえた淡い星雲構造の表現に広がりができました。

B. 合成写真撮影のポイントとつなぎ方

円形写野でとらえた星雲の広がりをプリント上で見ていると，さらにその先へと星雲が広がっていることに気付きます。それまでは独立した個々の星雲と考えられていたものも，大きな構造の一部であることがわかります。この大きな広がりを表現するには数コマの写野を合成する必要がありました。今のところ3コマくらいが限界ですが，CPを使用することによって比較的容易につなぎ合わせることができます。

しかし，美しい仕上がりにするためには撮影時から条件を統一することが大切です。撮影を同じ夜に行い，露出時間を秒単位で同じにし，同じタンクで現像する必要があります。バックグラウンドをできるだけ同一条件にしなければ，後にバックをニュートラルグレーに調整してつなぐとき，境目を美しくつないだとしても星雲の色調や濃度が変わってしまうからです。

次のポイントは最終的にCP上で合成する時，境目を直線的に切らないことです。直線で切ると微妙な違いでも人間の目は気付いてしまうからです。特徴のある星雲や星の配列をうまく避けながら，バックの暗い部分で切ることです。また，境界を少しだけぼかすことによってほとんどつなぎ目がわからなくなります。なお，3コマが限界になるのはシュミットカメラの写野が比較的広いために，広範囲につなぐということは球面を平面でつなぐことになってそのゆがみが出るためです。このゆがみを補正できれば，もっと多くのコマを合成できるわけですが，座標変換等の方法が必要になります。現在，星図を画像として取り込み，Photoshop上でレイヤーを使用して重ねながら変形させ，補正を試みようと考えています。

(1) さそり座アンタレス付近

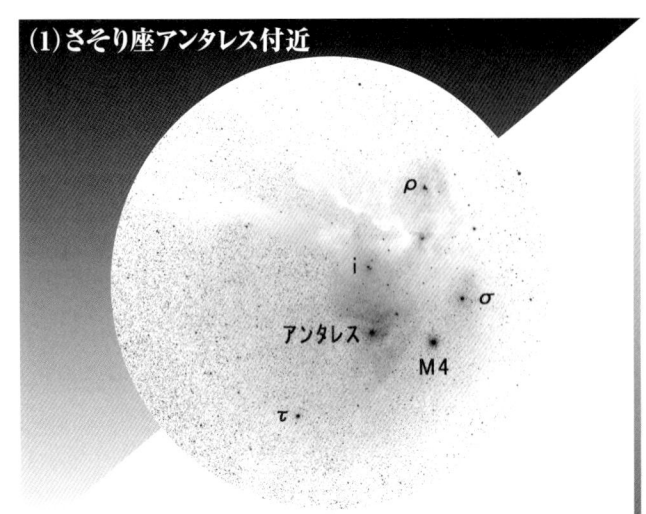

IC4603-4, IC4605, Sh 2-9, M4

　このアンタレスを中心とする星域は、全天の中で写真的に最も美しい場所である。へびつかい座ρ星をとりまく青い反射星雲IC4603-4、アンタレスのまわりをとりまく黄色い反射星雲IC4605、さそり座σ星をとりまく赤い散光星雲Sh2-9、さそり座τ星をとりまく淡くて大きな赤い散光星雲、それらの星雲群から北東へ帯状に伸びる暗黒星雲、そして大型の球状星団M4。写真をじっと見ていると自然の造形美を感じる。これらの星雲群が肉眼で見えたという話は聞いたことはないものの、写りの濃度から考えると、アンタレス付近の黄色い反射星雲やへびつかい座ρ付近の青い反射星雲は、透明度のよい場所ならば双眼鏡を用いれば見えるものと思われる。どなたか挑戦されてはいかが。

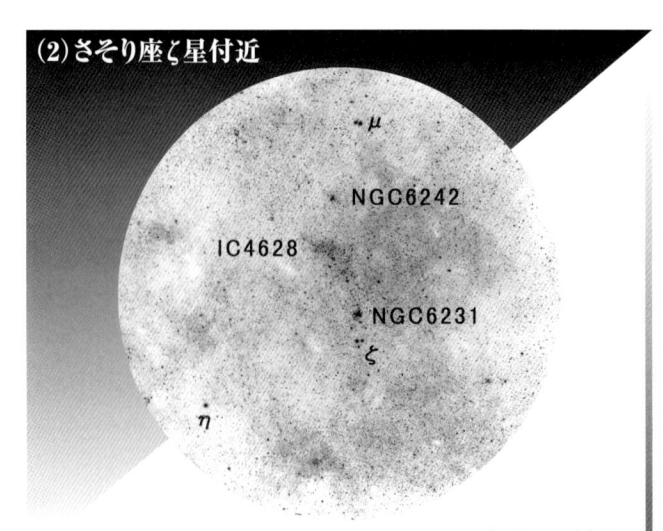

(2) さそり座ζ星付近

H12, IC4628, NGC6231

　南に低いためあまり注目されないが、さそり座のS字カーブの下側にあたるこの星域は、散開星団と散光星雲が点在するにぎやかな場所である。特に写野中央に位置している散開星団H12と重なる赤い散光星雲IC4628は明るく、透明度のよい場所ならば双眼鏡でその存在を確認できる。その下、オレンジ色のζ星との中間には散開星団NGC6231がある。この明るい星の多い散開星団は、割合いに集中度が高く、小口径の望遠鏡でも見応えがある。写真をよく見ると、ζ星のまわりには直径5度ほどの赤い散光星雲が淡くとりまいているのが確認できる。

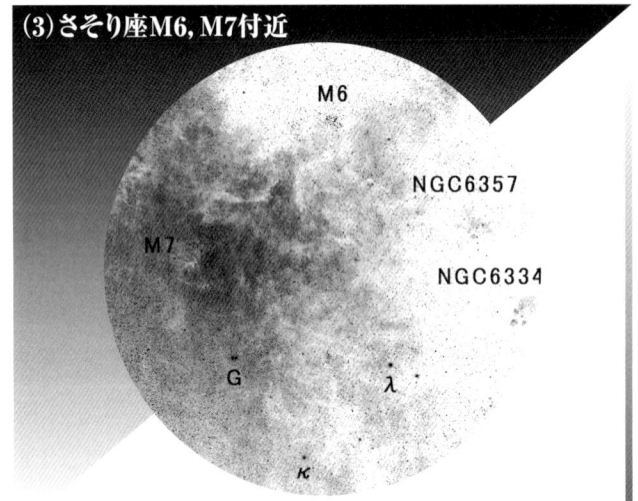

(3) さそり座M6, M7付近

M6, M7, NGC6334, NGC6357, Sh 2-13

　南中時にさそり座の尾部の上を双眼鏡で見ると、非常に見事な大型の2つの散開星団に気付く。上に位置し、ややゆがんだ楕円形の散開星団がM6、その東南4度にある明るい星で円形に形よく構成された散開星団がM7である。写真では、M7の方は銀河に埋もれて判別しにくくなっている。写野の右隅に写っているこれまた大変特徴のある2つの赤い散光星雲は、上の方がNGC6357（通称：彼岸花星雲）、下の方がNGC6334（通称：出目金星雲）である。また、M6のすぐ西側には直径3度ほどの赤い散光星雲Sh 2-13がある。残念ながら、これらの星雲は肉眼では見えない。

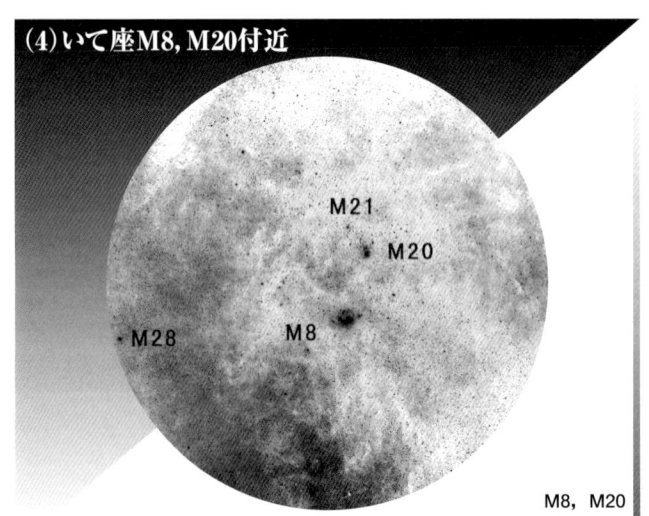

(4) いて座M8, M20付近

M8, M20

　南斗六星の柄の部分にあたるこの星域周辺は、肉眼で見える多くの明るい星雲星団が位置しており、小口径の望遠鏡や双眼鏡で大変楽しめる場所である。写野中央やや下にある赤い散光星雲M8は、通称干潟星雲と呼ばれて親しまれている。肉眼で色はわからないものの、小口径の望遠鏡や双眼鏡でもこの形の通りに見える。大口径のドブソニアンを覗く機会に恵まれたならば、その構造の複雑さにため息がもれるほどであり、色も淡く認められる。M8の北2度にはM20、通称三裂星雲がある。この星雲もまた、眼でよく見える。写真で見ると赤い散光星雲のまわりを青い反射星雲がとりまいている。

　こちらの星雲も透明度のよい場所で見ると、淡くそれぞれの色を認めることができる。

(5) いて座M22付近

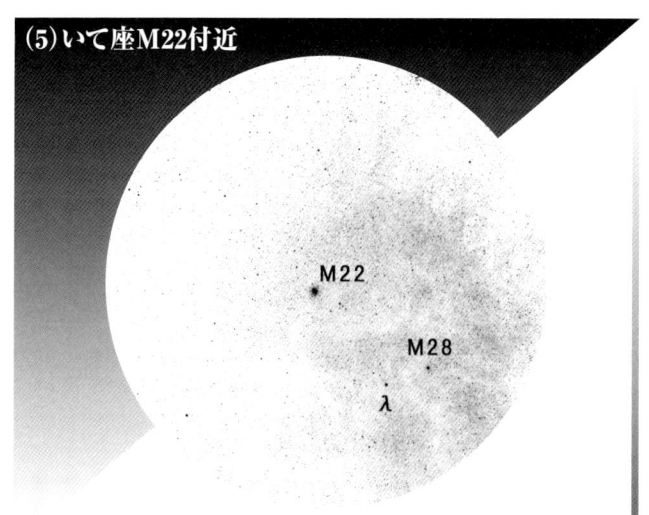

M22, M28

いて座のλ星の北東3度には、光度5.9等・視直径17.3分の大型の球状星団M22がある。ややゆがんだ楕円形をしており、北半球から見える球状星団としてはM13と並ぶ明るさと大きさを持つもので、双眼鏡でも銀河の中に浮かぶその姿が見事である。同じλ星の北西1.5度には、M22を少し小振りにした球状星団M28がある。両者の間隔は3度ほどである。

(6) いて座M24, M17, M16付近

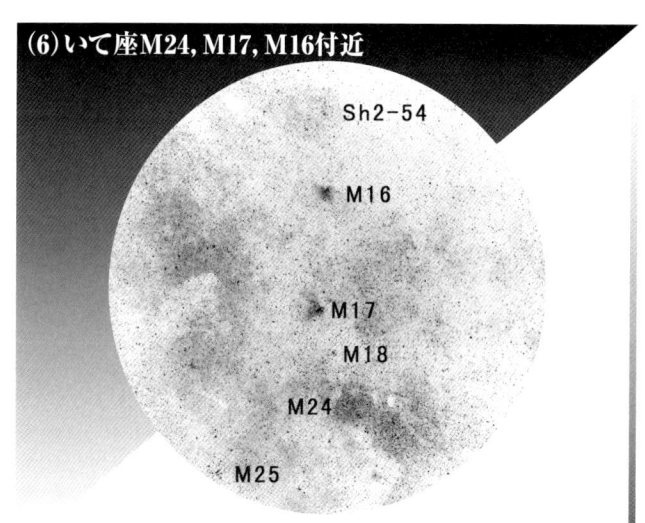

M24, M17, M16

M8, M20を見た後、そのまま双眼鏡の視野を北に少しずつ上げていくと、星が大変集中しているスタークラウドに行き当たる。この中に視直径42分のM24があるが、それよりもこのスタークラウドの形がバンビのように見える。そして、ちょうどその首もとには、赤と青の星雲が首飾りのように架かっている。2つの眼のように見える部分は暗黒星雲B92,93である。写真中央付近の赤い散光星雲はM17、通称オメガ星雲である。しかし、小口径で見たこの星雲は天頂プリズムなどを使わないで見ると、銀河に浮かぶ白鳥のように見える。さらに、その上の赤い散光星雲はM16（へびつかい座）である。

(7) へびつかい座S字状暗黒星雲付近

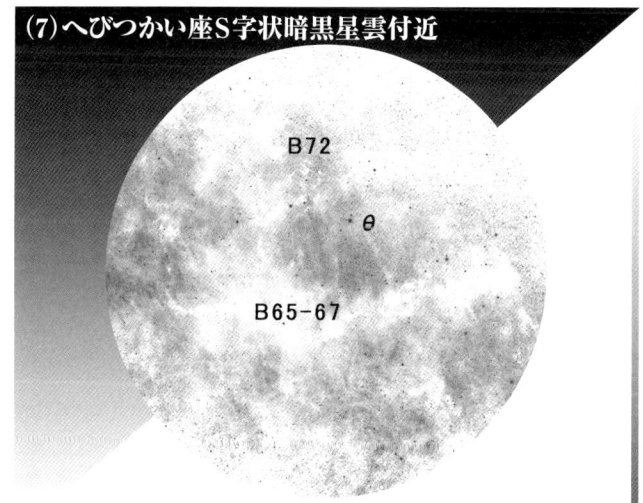

B72 (S Shape), B65-67

へびつかい座θ星周辺には大小さまざまな暗黒星雲が存在している。特にθ星の北1度には、S字形をした暗黒星雲が見られる（B72, S Shape）。あまりの形の良さにびっくりしてしまうが、わし座γ星の西側にもS字形の暗黒星雲があり、写真の対象として対をなしている。写真中央には大きな暗黒星雲（B65-67）が見られるが、パイプの形をしているのでパイプ状暗黒星雲と呼ばれている。いずれも空の透明度のよい場所であれば、双眼鏡でその存在を確認できる。写真的にも50ミリ標準レンズで容易に写すことができる。

(8) たて座M11付近

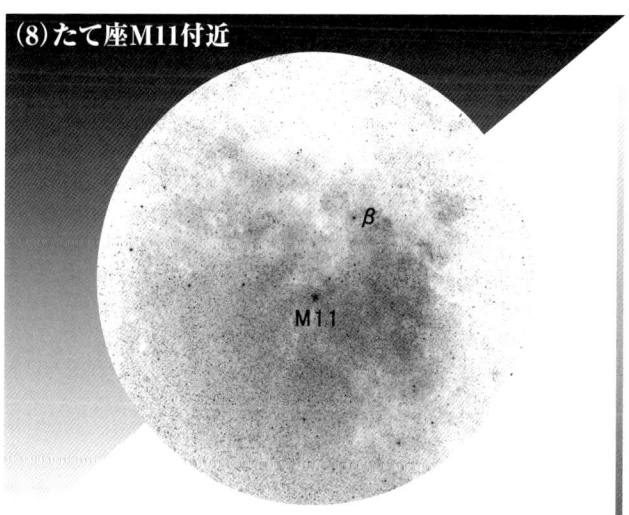

M11, M26

いて座の銀河からわし座へと銀河を遡っていくと、まわりと比較して銀河の濃くなっている部分に気づく。その部分に双眼鏡を向けると、東側にぼんやりとした彗星状天体を持つ小さい四角形の星群が目に入ってくる。その彗星状天体がM11である。非常に集中度の高い散開星団であり、小口径の低倍率では、少し尾を引く三角形の彗星状に見えてしまう。20cmに120倍くらいで見ると無数の星が見え、びっくりしてしまう。写野中央にあるM11の南南西3.5度には、小散開星団M26がある。8.5等、視直径10分で星数もあまり多くはないが、Mナンバーの星雲であるから一度は見ておきたい。

(9) わし座γ星西部の暗黒星雲

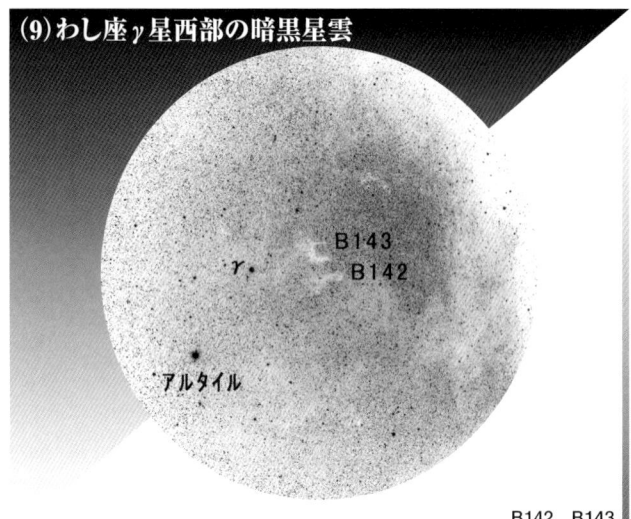

B142, B143

わし座γ星のすぐ西側にある暗黒星雲で、ギリシャ文字のξに似ているといわれる。しかし、写真をみると、むしろS字にみえるのは私だけだろうか。へびつかい座θ星近くのS字状暗黒星雲と対をなすものとして、組写真にするとよい対象である。大きさは1度ほどもあり、300ミリよりも長焦点でねらうとさらにおもしろいだろう。長焦点で撮影するとギリシャ文字のξにみえる写真になるのかもしれない。また、双眼鏡などを用いて眼視でも確かめてみたい。

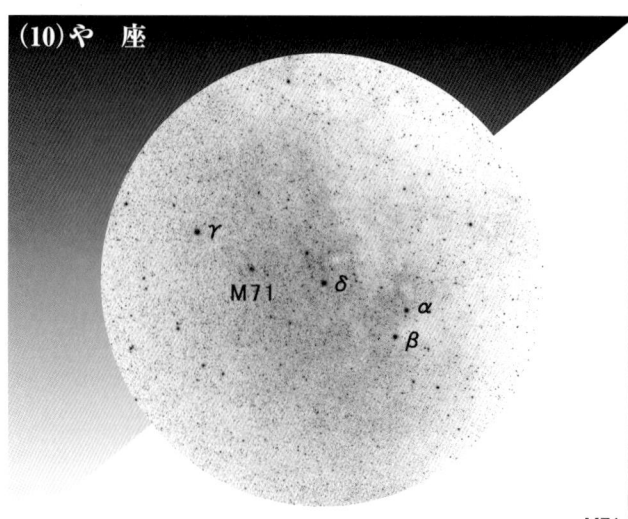

(10) や 座

M71

20cm F1.5の10度ほどの写野にちょうどおさまる小星座は、こと座・いるか座などいくつかあるが、や座もその1つである。や座のγ星とδ星の中間付近に、球状星団M71がある。8等級、視直径8分と小さいものであるが、球状星団としては密集度が低く、散開星団に分類されていたときもあった。M11同様に、20cmに120倍以上でみるとかなり分離した姿でみることができ、おもしろい対象である。

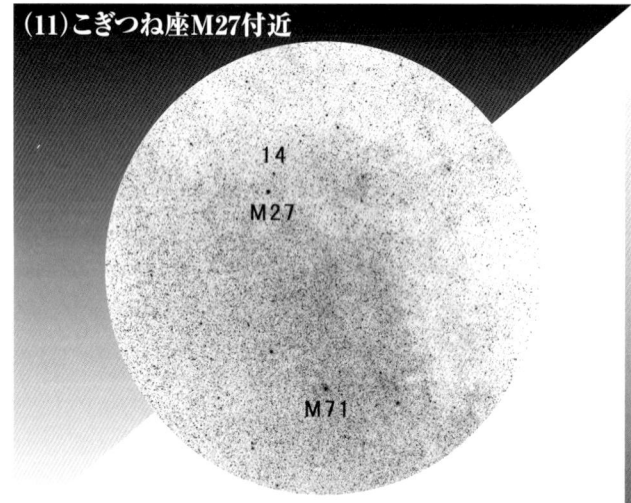

(11) こぎつね座M27付近

M27, M71

や座の北4度ほどのところに、Mの形をした星の配列というよりは、Wを逆さまにしたような形の星の配列がある。その真ん中のへこんだところにある星のすぐ近くに、M27 (亜鈴星雲) がある。小口径の低倍率では、真ん中がへこんだまゆ型に見え、鉄製のダンベルがイメージされるところからこの名前がある。しかし、長時間露出の写真では円形に写り、長焦点ならばいろいろな色を含む構造が現れてくる。この写真でも円形に写っているので、その様子が確認できる。写野の下にある明るい星はや座γ星で、その下にある星雲状の天体はM71である。

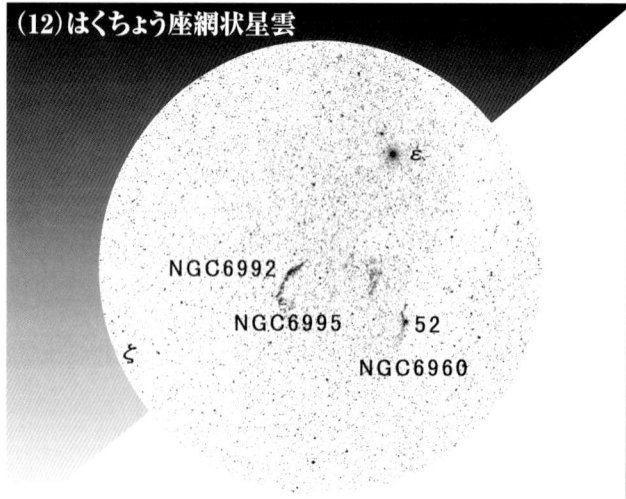

(12) はくちょう座網状星雲

NGC6992-5, NGC6960

写野右上の明るい星はε星である。その南4度、52番星と重なっている西側がNGC6960、東側がNGC6992-5である。2つのリングの間にも複雑な形をした部分がある。東側のNGC6992-5は明るく、双眼鏡を用いると肉眼でも大きくカーブした姿がよく見える。写真ではほとんどが赤い色で写るが、よく見ると青い部分もあることがわかり、長焦点のレンズで撮影すると複雑に入りくんだフィラメント状構造が見事である。

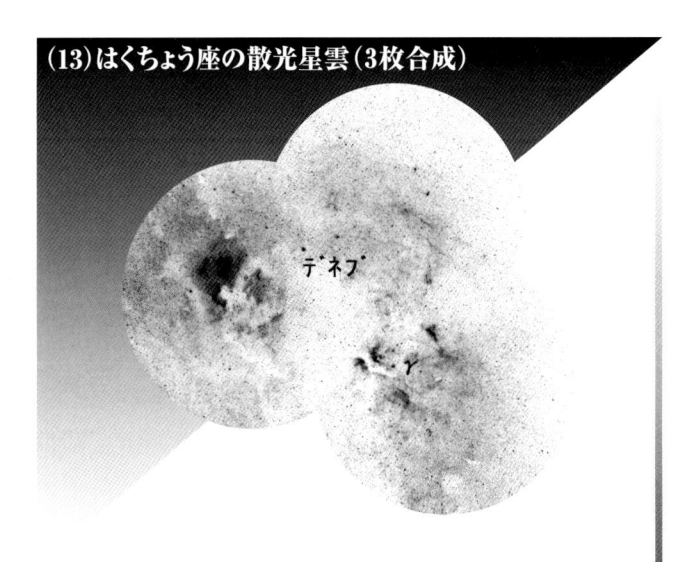

(13) はくちょう座の散光星雲(3枚合成)

デネブとγ星を中心とするはくちょう座尾部は、赤い散光星雲の宝庫である。この合成による広い星域の写真をみると、北アメリカ星雲やγ星付近の赤い散光星雲は独立したものではなく、その前面にある暗黒星雲の造形であることに気づく。おそらく、ここには巨大な赤い散光星雲が存在し、さらにデネブとγ星の前に冷たい星間物質が多量にあるからである。また、この写真をみてわかるとおり、ひと口に赤い散光星雲といっても、いろいろな色相と濃度レベルがあり、明るいピンク色に写る星雲は眼で見ることができると思われる。

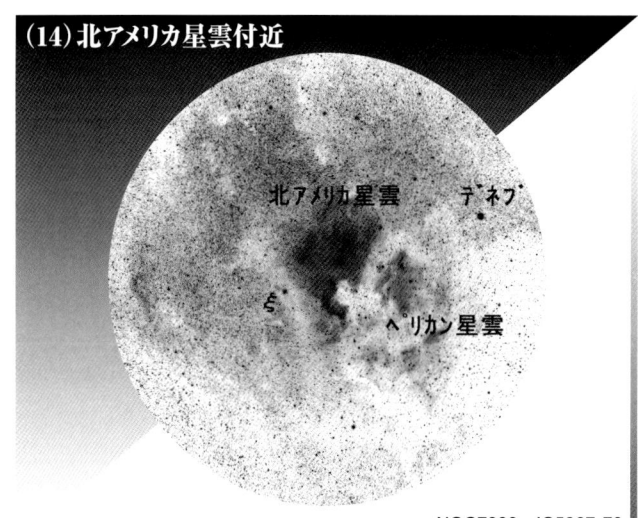

(14) 北アメリカ星雲付近

NGC7000, IC5067-70

デネブの東側3度ほどのところには、北アメリカの形に似た大きな赤い散光星雲とペリカンの形に似た赤い散光星雲が隣りあっている。写真でもわかるとおり、暗黒星雲が星雲のまわりをとりまいているので星雲のかたちをとらえやすい。双眼鏡を用いて見ると北アメリカ星雲の場合、メキシコのあたりに相当する部分は濃淡がわかるほどである。透明度のよい空ならば、肉眼でも見えるという。写真的に2つの星雲の色を比較すると、北アメリカ星雲がピンク色なのに対し、ペリカン星雲の方は赤色が強く、より赤外に近い光りを放っていると考えられる。

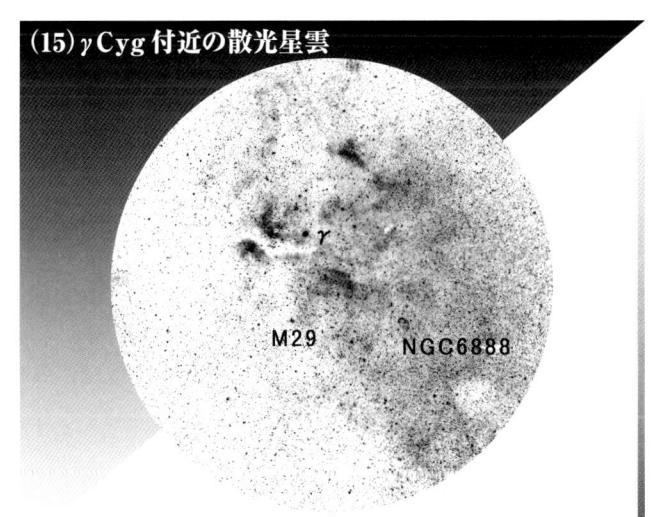

(15) γCyg 付近の散光星雲

IC1318, NGC6888

γ星付近の星域は、はくちょう座の銀河と暗黒星雲、赤い散光星雲が複雑に入り乱れて大変興味深い場所である。写真をみると、写野全体にはいろいろな濃度の赤い散光星雲が広がっていることがわかる。γ星の東側に2つに分かれて存在するものが最も明るい。写真における色調が濃い赤ではないので、眼で見える可能性は充分にある。γ星の西南2度には、楕円形のまゆ形をしたNGC6888がある。超新星残骸であると思われ、長焦点でねらうとかなりおもしろそうである。さらに、γ星の北2.5度には、小粒な青い反射星雲vdB131・vdB132がある。

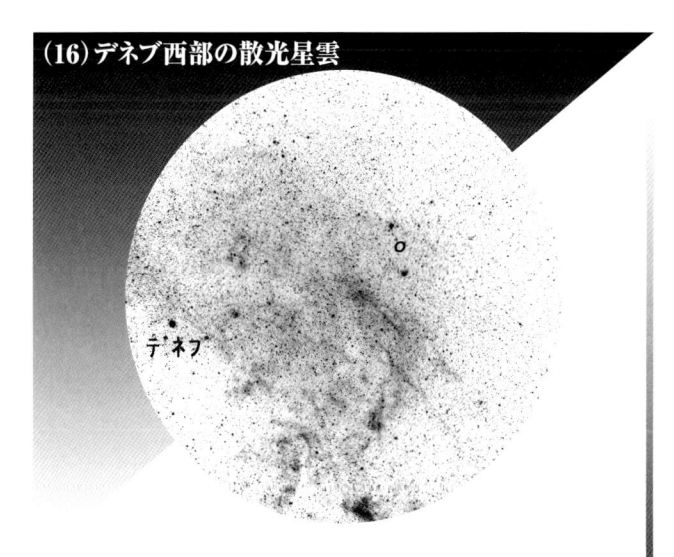

(16) デネブ西部の散光星雲

はくちょう座のデネブ・γ星・o星に囲まれた星域にも、おもしろい構造の赤い散光星雲が存在している。しかし、この星域の星雲を掲載している星図はない。写真の星雲分布をよくみると、γ星付近の赤い散光星雲よりもさらにフィラメント構造が複雑であり、ぜひねらってみたい対象である。モノクロページに、水素増感TPフィルムで撮影したものがあるので比較してみるとよいだろう。全体的なかたちは竜の首のようである。

(17) はくちょう座まゆ星雲付近

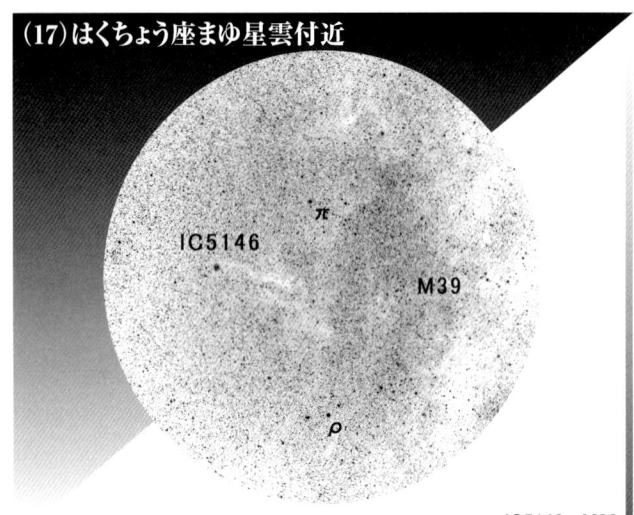

IC5146, M39

写野中央右よりにある散開星団M39の東南東4.5ところに，直径15分ほどのほぼ球形をした赤い散光星雲がある。細長い暗黒星雲B168の東端に位置し，写真的にみると，銀河の中に深くうもれているようなまゆの姿が浮かび上がり，大変美しい。フィルムサイズが35ミリであれば，焦点距離700ミリ程度なら暗黒星雲といっしょの構図で撮影できる。透明度のよい空ならば，暗黒星雲B168が双眼鏡やファインダーでよくわかり，比較的構図も決めやすいはずである。写真的には赤というよりピンク色の部分が多く，肉眼で見えるかもしれない。

(18) はくちょう座～ケフェウス座境界

NGC6939, NGC6946

夏の銀河から秋の銀河に移り変わるケフェウス座η星の西南2.5度には，珍しい組み合わせがある。1度ほどの間隔をおいて，散開星団NGC6939（光度7.8等，視直径8分）と系外星雲NGC6946（光度8.9等，視直径11分）が見られる。両者の大きさはほぼ同じで，まるで性格の違う双子を見るようである。ある程度の大きさの系外星雲が銀河方向に見えるのは希であり，さらにそのすぐ近くに散開星団があることは偶然である。

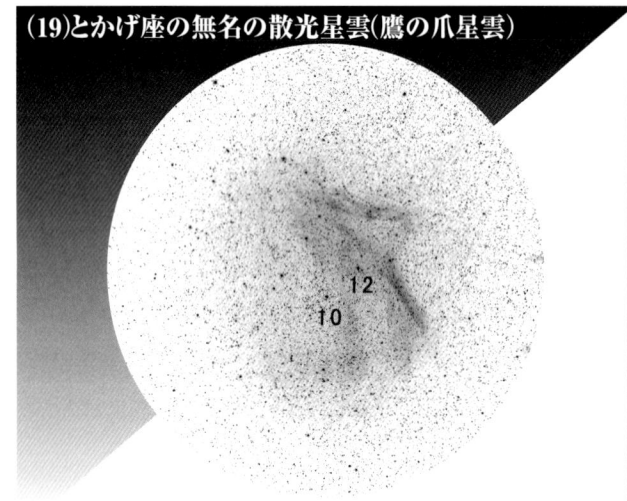

(19) とかげ座の無名の散光星雲（鷹の爪星雲）

無名の星雲のため，星雲番号なし

とかげ座δ星・10番星・12番星を含む四角形の星の配列を中心として，直径8度ほどの大型の赤い散光星雲がある。この写真は，フジカラーSHG400にコスモフィルターを用いて撮影したもので，星雲の形がうまく描写され，鷹の爪のような姿を現した。写真をよくみると，西北方向に飛び散ったように赤い散光星雲があり，さらにこの先も撮影してみたいものである。

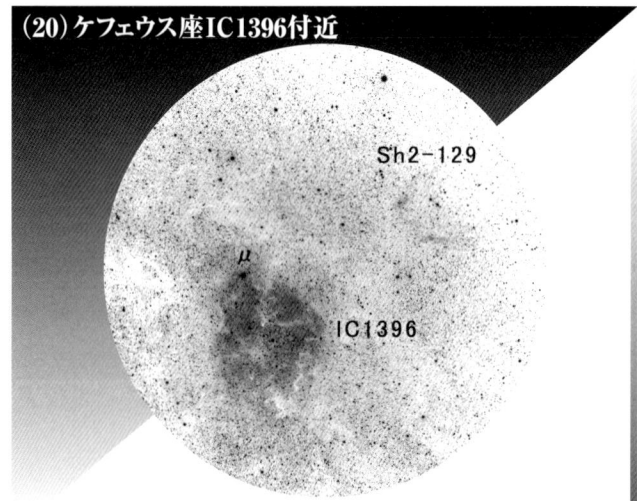

(20) ケフェウス座IC1396付近

IC1396, Sh 2-129

真っ赤な色彩を持つところからガーネット・スターと呼ばれるケフェウス座μ星の南側には，3度以上の広がりをもつ大型の赤い散光星雲が存在する。内部が暗黒星雲によって引き裂かれた複雑な構造は興味深く，長焦点で部分的にねらってみるのもおもしろい。
IC1396の北西3度には，半分に欠けたリング状の赤い散光星雲Sh 2-129がある。この付近の銀河は，カシオペヤ座のあたりまで細かいすじ状の暗黒星雲が点在しており，秋の暗黒星雲銀座と呼びたい場所である。

(21) カシオペヤ座M52付近

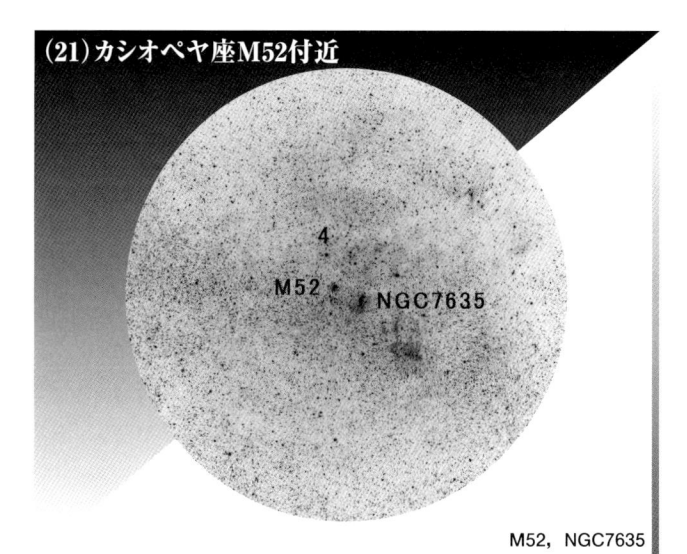

M52, NGC7635

　M52があるこの星域は，西側に広く赤い散光星雲が多数分布している。星雲番号のついているものは，M52のすぐ南西30分ほどのところにあるNGC7635（あわ星雲）と，西3度にあるSh 2-155の2つだけで，あとは無名の星雲ばかりである。この写真ではM52を中心に撮影しているが，M52とSh 2-155の中間あたりを中心として撮影した方が，おもしろい構図になると思われる。

(22) ケフェウス座NGC7822付近

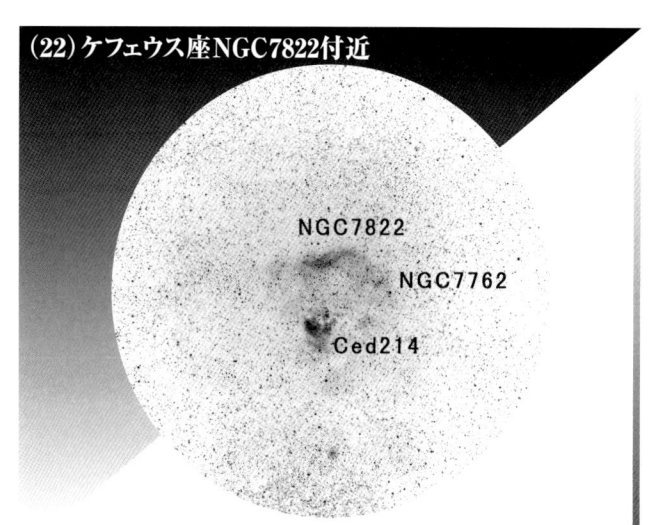

NGC7822, Ced 214, NGC7762

　秋の銀河には，大型で形に特徴のある赤い散光星雲がぽつぽつと点在しており，撮影対象として大変おもしろい。NGC7822は近くに明るい星がなく，撮影する際に位置を決めにくい星雲の1つである。カシオペヤ座のα星とκ星を北極方向に等倍伸ばしたあたりに5等星があり，そのすぐ近くに小さな散開星団NGC7762を見つけられたら，その東側を中心にして撮影してみるとよい。全体として3度ほどの大きさを持つこの星雲は，中心付近のCed 214と周辺のNGC7822からなる星雲である。Ced 214は写真の色彩からみて，眼で見えるかもしれない。

(23) カシオペヤ座NGC7789付近

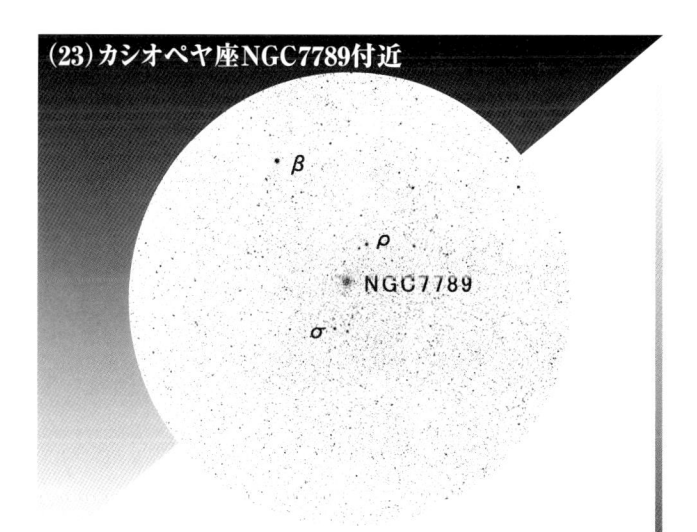

NGC7789

　カシオペヤ座β星南南西3度ほどのところに，非常に集中度の高い散開星団NGC7789がある。写真では周辺の星が分離しているが，双眼鏡ではぼんやりとした星雲状である。10cmでやっと星の分離ができるようになる。この星団も集中度が高く，星数が多いので20cmに100倍以上で見てみたい。残念ながら，この近くの星野には他にめぼしい天体はない。

(24) カシオペヤ座NGC281付近

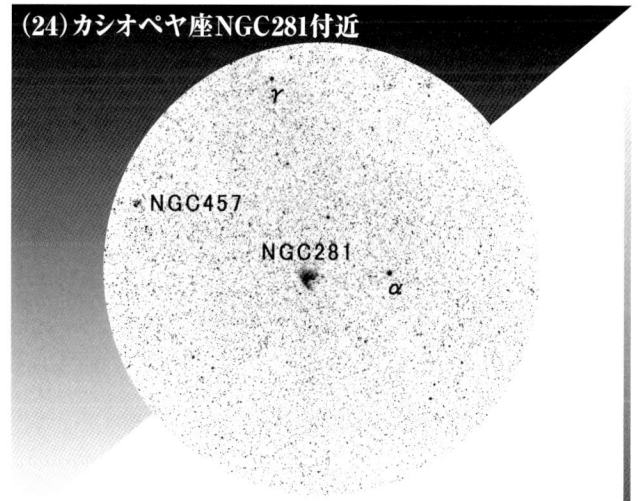

NGC281, IC59・IC63

　カシオペヤ座α星の東2度に位置する赤い散光星雲で，空の暗い透明度のよい場所であれば，双眼鏡で存在を確認できる比較的明るいものである。大きさは満月ほどもあり，付近には，他に大型の赤い散光星雲が多く存在しているが，印象度はあまり高くないのがおかしい。いろいろな焦点距離で構図を工夫してねらってみたい対象である。γ星のすぐ北東には，青い反射星雲を含む赤い散光星雲がある。意外に写りやすく，色も豊富なので，長焦点の長時間露出でその構造を描出してみたい。短焦点では，付近に存在するいくつかの小型の散開星団と構図を工夫して撮影したい。

(25) カシオペヤ座M103付近

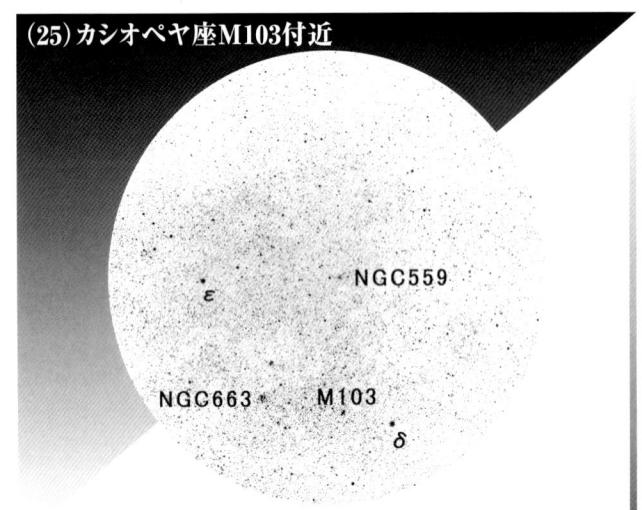

M103, NGC663

カシオペヤ座には数多くの散開星団が存在するが，特にδ星とε星の間にたくさん集中している。M103はδ星の北東1度ほどのところにある8等級・視直径6分の小型の散開星団で星数も少ない。むしろ，δ星とε星の中間付近にあるNGC663の方が9等級とやや暗いものの，視直径12分，多数の星からなる散開星団で，双眼鏡でも楽しめる。写真ではδ星とε星を含めて，その間をねらう構図にすると，いろいろな顔をした数多くの散開星団を撮影できる。

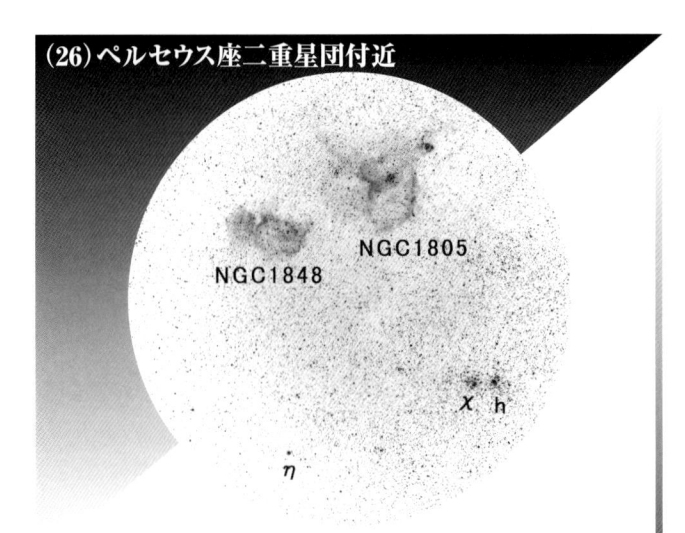

(26) ペルセウス座二重星団付近

NGC869・884, IC1805, IC1795, IC1848

秋の銀河のカシオペヤ座とペルセウス座の中間あたりに双眼鏡を向けると，接近した2つの大型の散開星団に気づく。星数も多いので，1つ1つの星団を望遠鏡で充分に楽しめる。星団を構成する星の色が豊富なので，写真的にもおもしろい。この二重星団の北東5度ほどのところに，複雑な形をした2つの大型の赤い散光星雲がある。この星雲も1つ1つが写真の対象としておもしろい。ハート型の方がIC1805，ハート型の先端にある明るく丸い部分がIC1795であり，望遠鏡で見ることができる。楕円型の方がIC1848である。

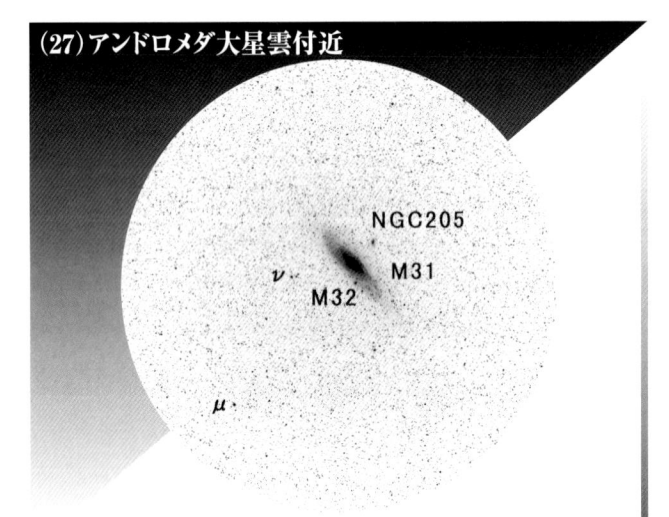

(27) アンドロメダ大星雲付近

M31, M32, NGC205

空の暗い場所なら，肉眼でもぼんやりと存在に気づくことができる。5cm×7倍の双眼鏡で見ると，中心部の明るい長楕円形の姿が視野に広がり，実に見事な眺めである。口径10cmクラスならば，星雲の濃淡と暗黒帯の織りなす構造がすばらしい。とにかく，一度は澄んだ暗い空のもとで見たい星雲である。毎年何回も見ているが，飽きることはないのが不思議である。眼視で見たときに網膜へ直接届いた何百万年前のその星雲からの光は，理屈を超えた刺激を脳に与えてくれるのだろう。写真をみると，NGC205とつながるように淡くハロー部が存在しているのがわかる。

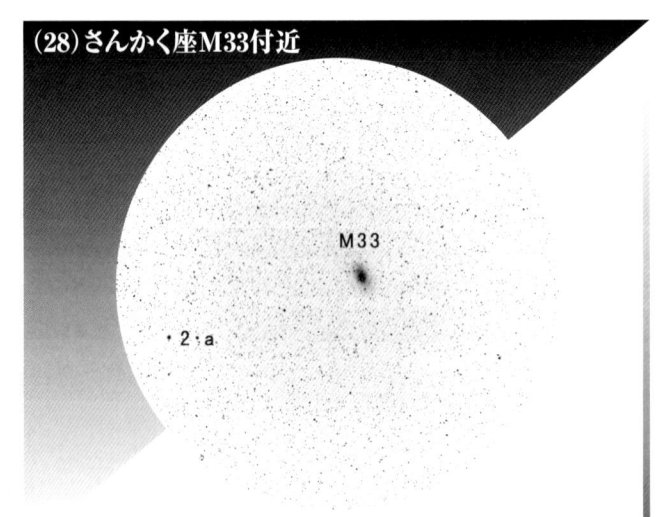

(28) さんかく座M33付近

M33

双眼鏡で，さんかく座α星からアンドロメダ座β星へとたどる途中に位置している。5cm×7倍の双眼鏡なら，さんかく座α星を左の端になるようにすると，中央よりやや上のあたりにぼんやりとしたその姿に気づくことができる。暗く透明度の高い空ならば，肉眼で存在を認めることができる。500ミリ以上の焦点距離で撮影すると，回転花火のような渦を巻いた銀河の腕と，その中に点在する赤い散光星雲が見事に写ってくる。写真の中央よりやや左にある恒星が，さんかく座α星である。この写野は約10度であるから，位置関係がわかりやすいだろう。

(29) みずがめ座NGC7293付近

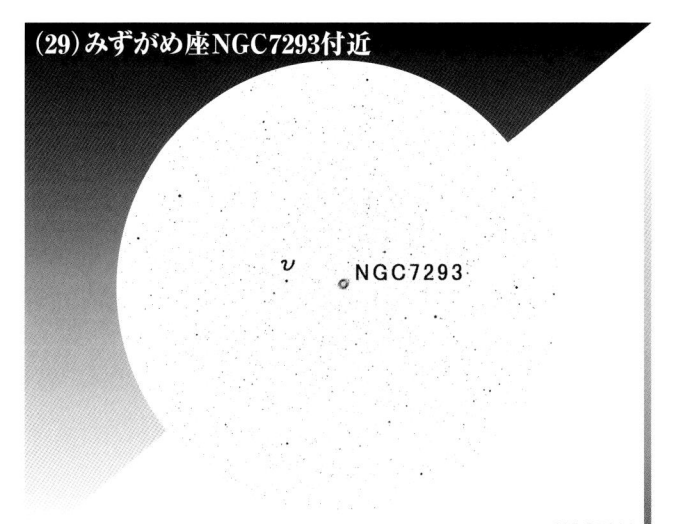

NGC7293

惑星状星雲の中で最大の視直径（13分）を持つものである。南に低いが、空の条件さえよければ双眼鏡で比較的容易に見ることができる。ネビュラフィルターを用いると構造が見えやすくなる。この写真では焦点距離が短いので構造が充分にはわからないが、長焦点に長時間露出で撮影すると、二重らせん構造やリング内部のスポーク構造が現れてくる。この星雲をみつけるには、フォーマルハウトの北西10度あたりにねらいをつけてファインダーや双眼鏡を向けてみるといいだろう。

(30) ちょうこくしつ座NGC253付近

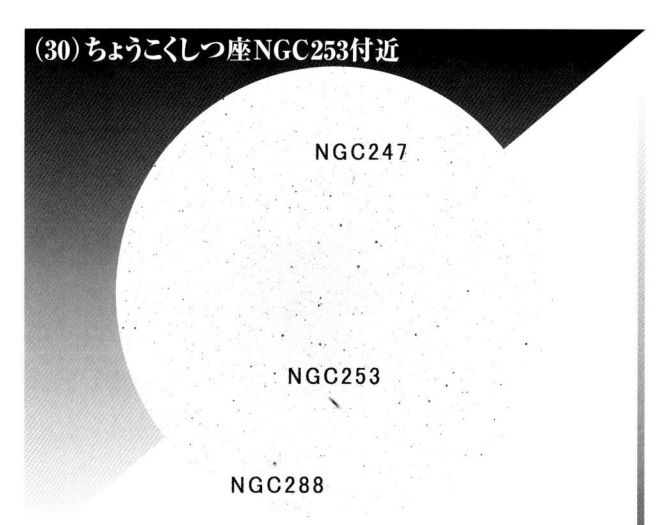

NGC253, NGC247, NGC288

秋の南の空はさびしく、1等星はフォーマルハウト（みなみのうお座α星＝南の1つ星）のみである。そのフォーマルハウトの左上へ眼を移していくと、くじら座β星（2等星＝ディフダ）がある。その南10度ほどのところにNGC253（光度8等、28分×7分）がある。5cm×7倍の双眼鏡ならば、容易に存在に気づくことができる。写真では、くじら座β星の南3度にある系外銀河NGC247（光度9.5等、視直径18分×4.5分）、NGC253の南東にある球状星団NGC288（光度7等、視直径10分）も写っているので、観望や撮影の参考にして欲しい。

(31) ペルセウス座カリフォルニア星雲

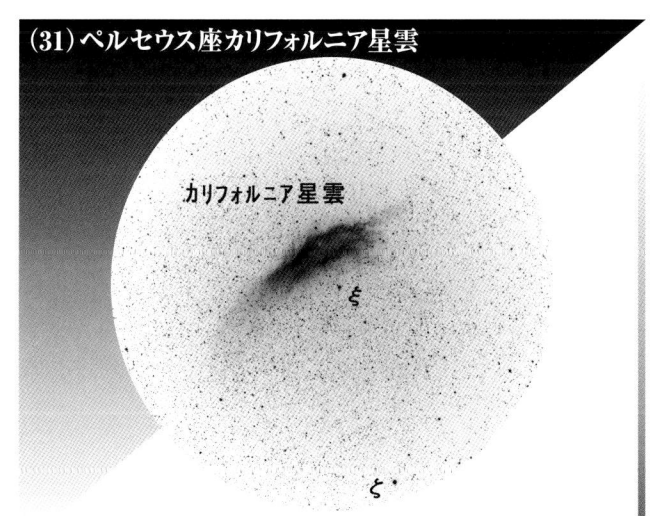

NGC1499

ペルセウス座ξ星のすぐ北側には、大きさが7度以上もある大型の赤い散光星雲がある。写真で撮影すると、明るくはっきりと写し出される部分の形がアメリカのカリフォルニア州の形に似ていることから、この名前がつけられている。日本的ネーミングを考えると、写真で見るその色と形からタラコ星雲と呼ぶのがぴったりだろう。この星域は黄色い反射星雲が結構濃く写り込んでくる。赤い星雲の見られる場所には、例外なくその周辺に黄色の反射星雲があり、星間ガスの豊富な部分であることがわかる。

(32) ぎょしゃ座M36, M38付近

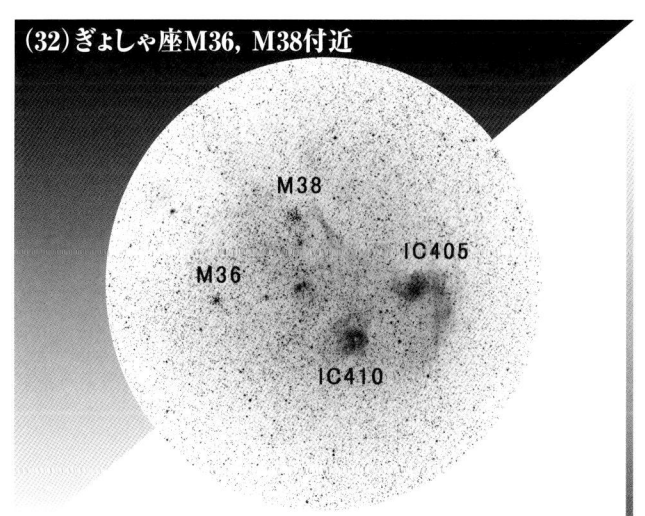

M36, M38, IC405, IC410

五角形の形をしたぎょしゃ座の中には、見事な散開星団が3個と大型の赤い散光星雲がある。散開星団はM38・M36・M37で、小口径でもすばらしいながめである。大型の赤い散光星雲は、その形から曲玉星雲（IC405）と呼ばれている。IC405には青い星雲構造も見られ、ここの部分を1000ミリ以上の長焦点で撮影してみるとおもしろいだろう。また、写真でIC405とIC410の色をよく観察すると、微妙な違いに気づく。一口に赤い散光星雲といっても赤だけではなく、いろいろな色の光りを含んでいるのである。

(33) おうし座プレアデス星団

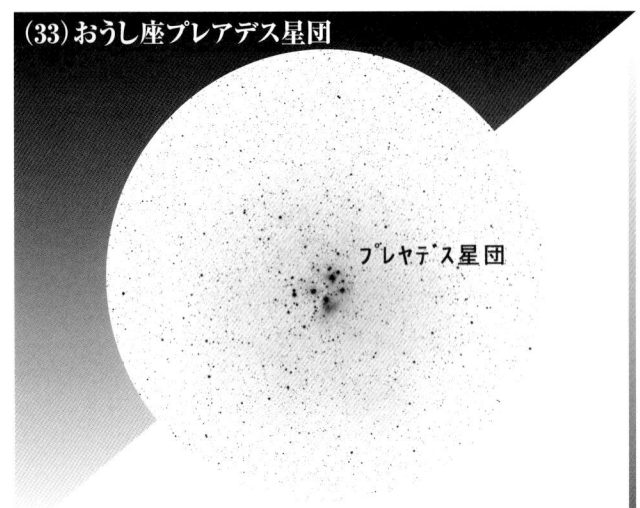

M45, IC353, IC1995

　すばるの和名で有名なこの星団は，昔からいろいろな書物等に登場する．秋の夜更けに東の空高く昇っているこの星団は肉眼で見ても美しく，同じくらいの明るさの星が一カ所に集中している様子が，他の星々とは異彩を放っているので，秋の空の中にすぐ気づくことができる．5cm×7倍程度の双眼鏡で見ると視野にちょうどうまくおさまり，青白く光る個々の星が大変美しくたとえようもない．双眼鏡で見る対象としては最美のものの一つである．写真では，さらに外側に非常に淡く広がる青い反射星雲が写っている．

(34) ふたご座M35, NGC2174付近

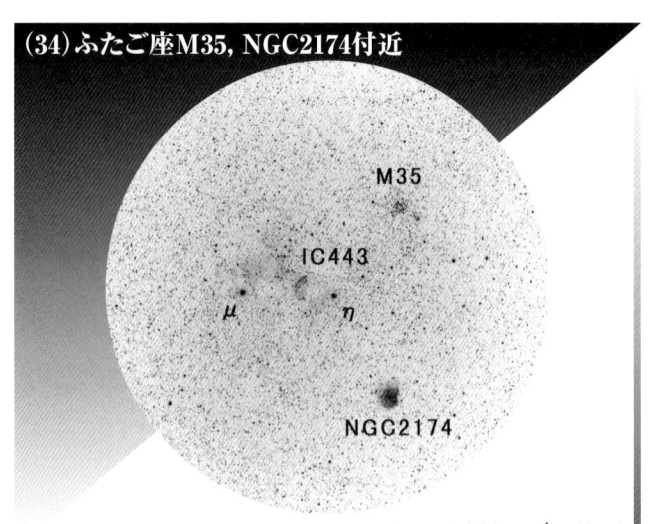

M35, NGC2174／5, IC443

　冬の銀河の中，ふたご座のη星とμ星付近のこの星域は，眼視的にも写真的にもおもしろい対象がある．η星の北西2度には，美しい散開星団M35（光度5.3等，視直径40分）がある．すぐ南西に小型の散開星団NGC2158を従えたその姿は貫禄すら感じられる．η星の南西2度には赤い散光星雲NGC2174-5がある．小型の望遠鏡でも存在を容易に確認できる．写真で撮影すると，その姿が狼の顔に似ていることからモンキー星雲と呼ばれる．μ星とη星の間には赤い散光星雲IC443が広がっており，最も濃い部分の形はクラゲに似ている．

(35) バラ星雲〜S Mon付近

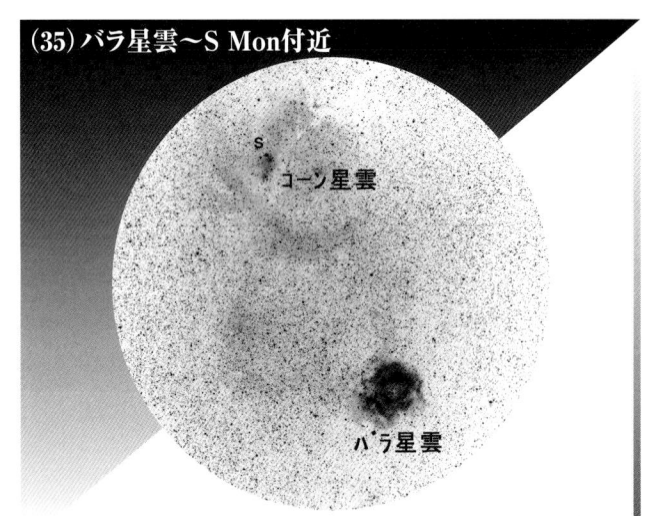

NGC2237-9・46, NGC2246

　冬の銀河のまっただ中に満月の2倍ほどの大きさを持つ，バラの形そっくりな赤い散光星雲NGC2237がある．50ミリの標準レンズでも大変よく写るが，長焦点で撮影してもよく写り込んでくる．この星雲の中心部には散開星団NGC2244があり，写真の構図も決めやすい．透明度がよければ，小口径の低倍率でこのかすかな星雲の存在を認めることができるだろう．このバラ星雲の北約5度にいっかくじゅう座S星があり，写真で撮影するとこのS星の周りにコーン（円錐）の形をした星雲が姿を現す．この周辺は黄色い星雲や青い星雲も存在し，写真的に大変カラフルな場所である．

(36) いっかくじゅう座わし星雲付近

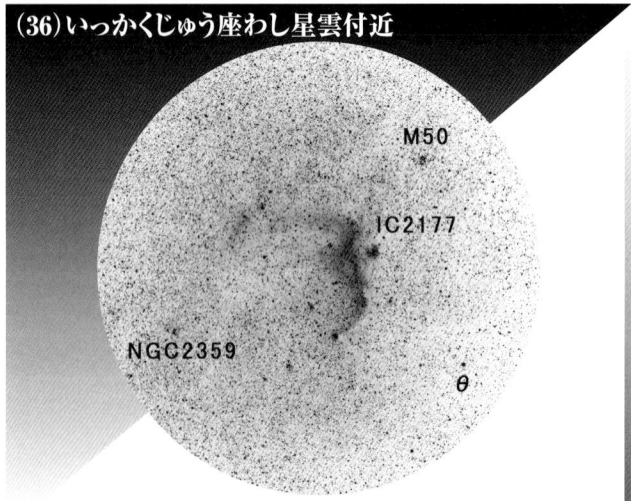

IC2177, M50, NGC2359

　シリウスの北東7度あたりには，3度ほどの広がりを持つ赤い散光星雲がある．その形が翼を広げて飛ぶわしに似ていることから，わし星雲と呼ばれている．このわしの頭に相当する部分と南の翼の先の部分は，青い星雲を含んでいる．この部分を長焦点で撮影してみるとおもしろいだろう．わし星雲の東南東4度には，小さな赤い散光星雲NGC2359がある．カシオペヤ座にあるしゃぼん玉星雲のような泡構造があるので，こちらも長焦点でねらってみたい．わし星雲近くには目印となる明るい星が少なく，θ星とM50から当たりをつけるとよいだろう．

(37) オリオン座エンゼルフィッシュ星雲

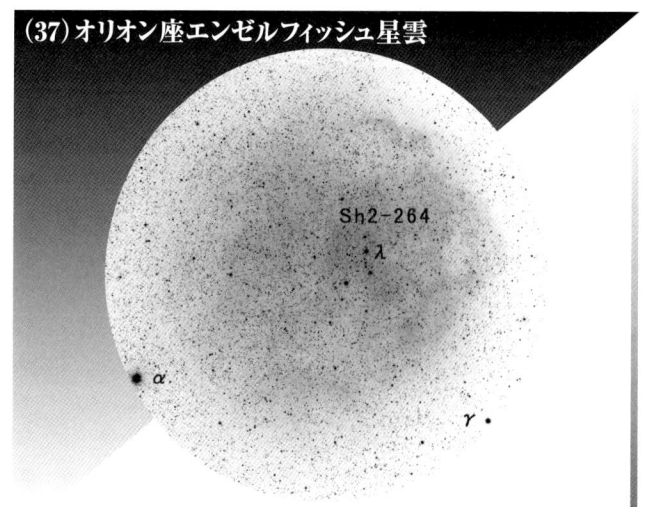

Sh 2-264

α星とγ星の間、λ星を中心として直径8度ほどもある大型の赤い散光星雲がある。その形はエンゼルフィッシュそのもので、ヒレまでそっくりなのには驚かされる。この星雲の中にも青い星雲を含む場所がある。バーナードループ同様50ミリの標準レンズで大変よく写るが、300ミリを超える焦点距離のレンズでは写りにくくなってくる。赤の散光星雲がよく写るエクタクロームE200で露出をかければ、その姿をくっきりと現すだろう。この星雲はバーナードループのすぐ近くに存在しているが、二つの星雲に構造的関連はなさそうである。

(38) バーナードループ～馬頭星雲

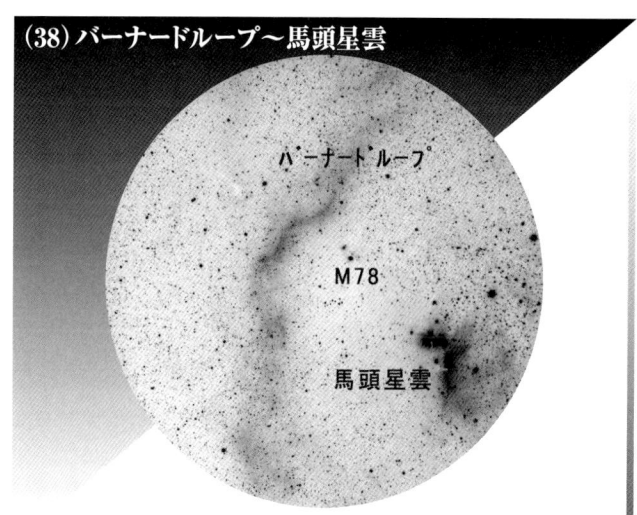

Sh 2-276, IC434, M78

オリオン座の三つ星を取り巻くように、直径18度に達する円弧上の赤い散光星雲がある。東半分だけの存在であるが、M78に近い部分が最も濃い。ζ星とσ星を取り囲むように、ここにも円弧状の赤い散光星雲があり、馬頭星雲と呼ばれる暗黒星雲がある。写真で見るとおり、この星域は散光星雲が入り乱れていて、星雲のない部分は存在しない。M78や馬頭星雲付近も例外ではなく、暗黒星雲と呼ばれる星雲もいろいろな表情を見せている。

(39) バーナードループ～馬頭星雲～M42

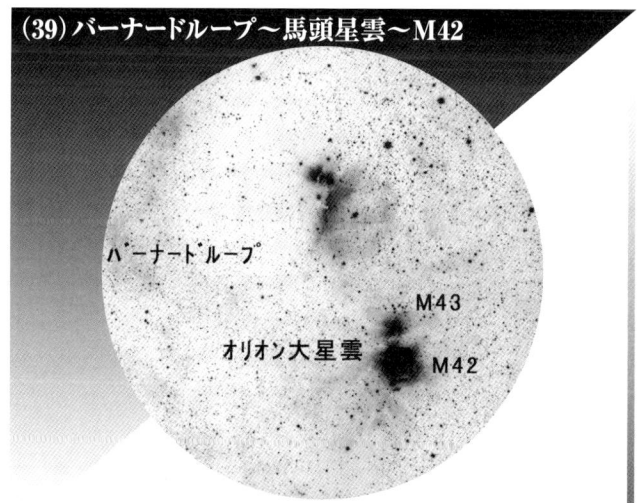

Sh 2-276, IC434, M78, M42, M43

三つ星の下には小三つ星と呼ばれる星の配列が縦にある。オリオンの剣に見立てられている部分で、肉眼で見るとその真ん中の星がぼーっと光っているのに気づく。双眼鏡の視野に入れてみると大型の見事な星雲であることがわかる。これが有名なオリオン大星雲で、北半球から見られる散光星雲の中で最も美しいものである。私のシュミットカメラでは、星雲の中心部が露出オーバーで白く飛んでしまうのが残念であるが、500ミリくらいの焦点距離から素晴らしい星雲構造が浮かび上がってくる。

(40) M42～バーナードループ下部

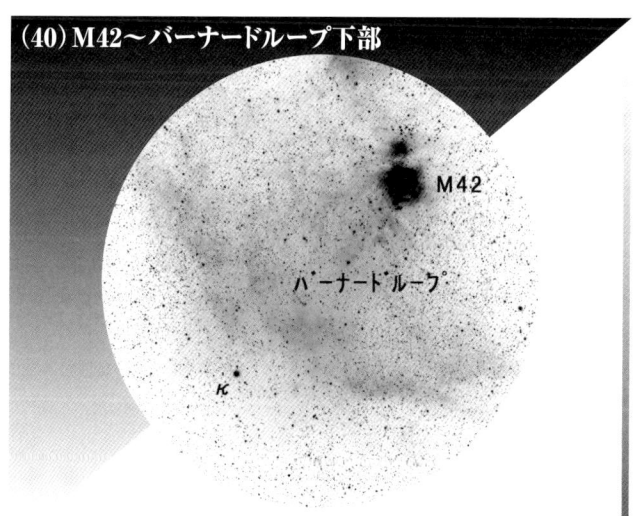

Sh 2-276, M42, M43

バーナードループの南の部分である。その構造を写真的に見ると、M42からのガスの流れと融合しているように見える。馬頭星雲・オリオン大星雲・バーナードループの三者は、1つの大きな星雲構造を成しているようである。その昔ここで超新星爆発があり、その後、新しい星の誕生により星間ガスが拡散から集中に変化している星域なのだろうか。

(41) M42西部の淡い散光星雲

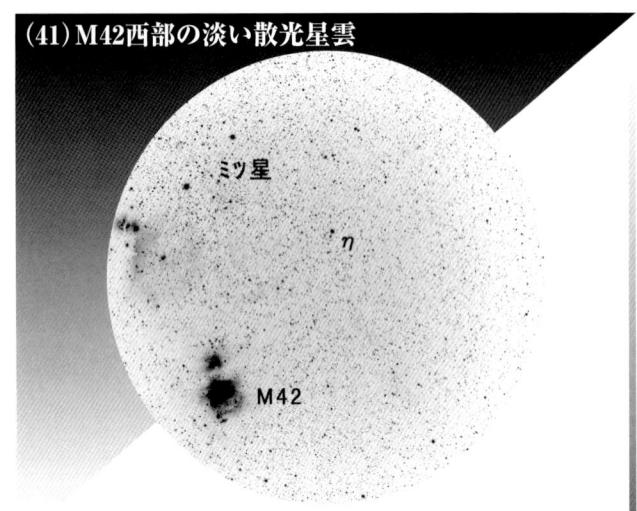

無名のため星雲番号なし

η星の西側には，淡いが大きな青い反射星雲が広がっている。スバルとその周辺に広がる青い反射星雲と同じくらいの大きさをもっている。淡い部分の明るさでいえば，むしろこちらの方が明るいのではないだろうか。この星雲はどの星図にも記載されておらず，オリオン座全域の撮影をしている際に気づいたものである。シュミットカメラでなくても，400～500ミリの焦点距離でF5前後の明るさを用いれば写り込んでくる。

(42) オリオン座リゲル西部の散光星雲

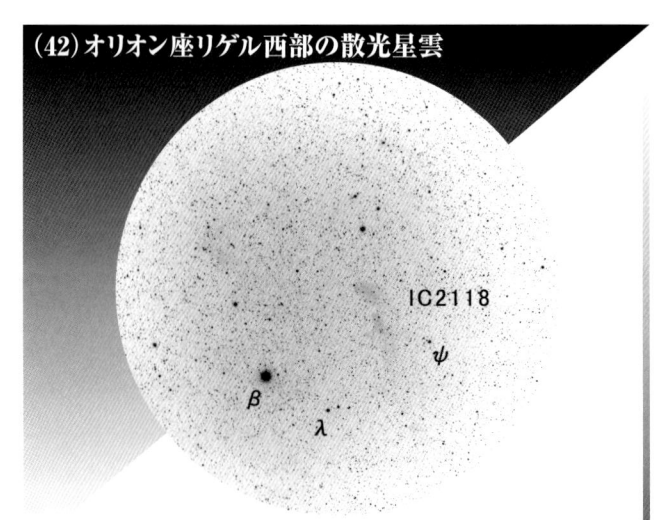

NGC2118

バーナードループの大きな星雲構造は，リゲルの西側で拡散して終わる。その場所にあたるリゲルの西約2度に，この星雲が存在している。カラー写真で撮影すると，青い成分が多いので青っぽく写る。しかし，SC64などの濃い赤フィルターを用いてモノクロ撮影してもよく星雲の形が写るので，いろいろな波長の光を放っていることになる。星雲の形が魔女の横顔に似ていることから，"魔女の横顔"とも呼ばれている。

(43) おおぐま座M81，M82付近

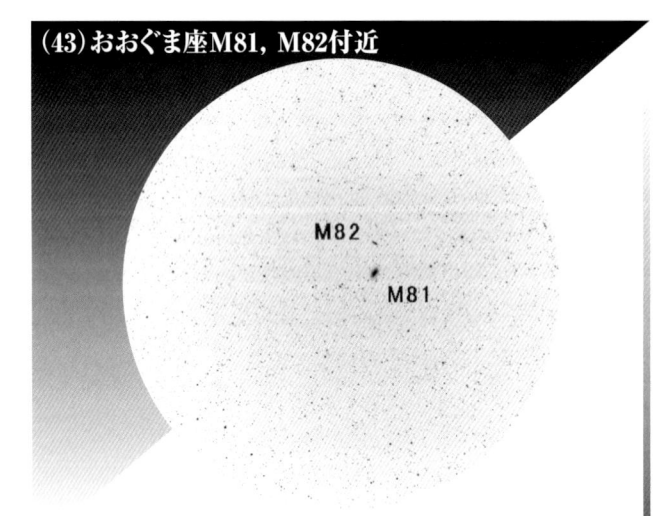

M81，M82

M81，M82付近には，目標となる明るい星がなく，北斗七星のα星とγ星の間隔をα星の方へ延長したあたりとしてねらいをつけるとよい。その辺にファインダーや双眼鏡を向ければ，この二つの星雲に気づくことができる。この二つの星雲は写真的におもしろい対象で，M81のSb型の過巻構造とM82の中心部の爆発による複雑な色彩を1000ミリ以上の長焦点でねらいたい。

(44) かみのけ座Mel.111付近

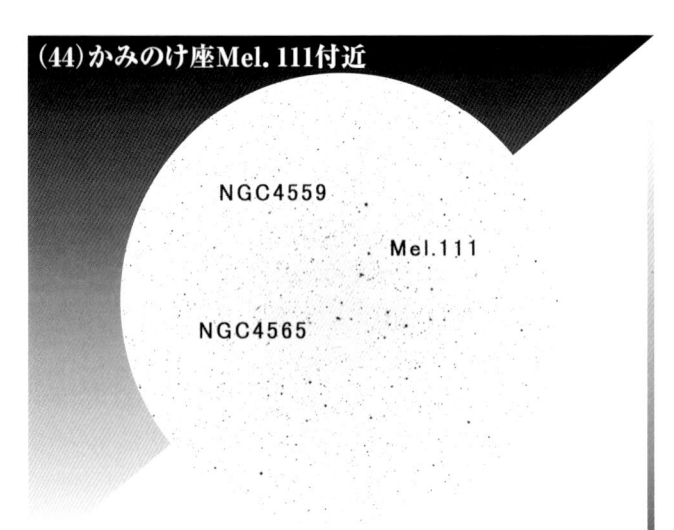

Mel.111，NGC4565

しし座β星とりょうけん座の中間あたりに，バラバラとした三角形の星群がある。スバルより大きく暗い星々の多いその姿は，まさに夜空に浮かぶ乙女の髪の毛をイメージできる。これが，メレット（Mel.）111と呼ばれる散開星団である。この散開星団の東側2度ほどのところに，細長く美しいNGC4565の姿をみることができる。渦巻き銀河を真横から眺めた姿であり，われわれの住む銀河系を真横から見るのと同じような形にみえるものと考えられる。小口径の望遠鏡でも，中心部のふくらんだ細長い姿を充分に楽しむことができる。口径10cm以上ならば，中央を分断している暗黒帯も確認できる。写真的には，焦点距離200ミリ以上からおもしろくなってくる。

(45)りょうけん座NGC4631付近

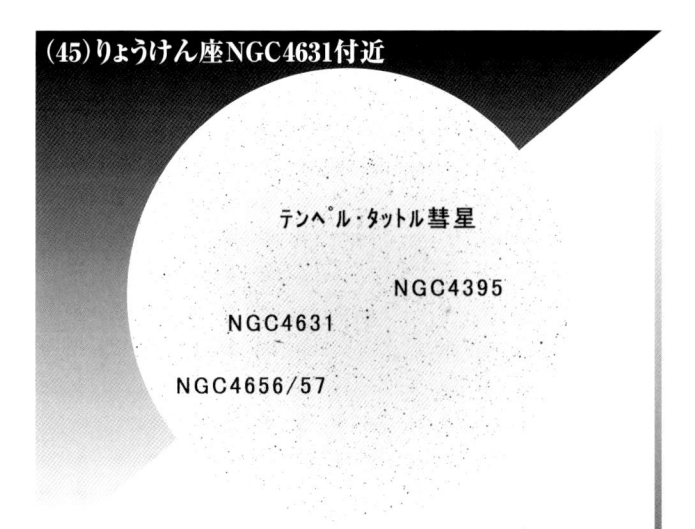

テンペル・タットル彗星
NGC4395
NGC4631
NGC4656/57

NGC4631, NGC4656／57, NGC4395

かみのけ座のさらに北へ目を向けるとりょうけん座がある。写真的構図としては、No.48かみのけ座 Mel,111の続きになる場所である。NGC4631とNGC4656/57は、ともに形のおもしろい銀河であり、M81・M82と同様にセットにして長焦点でねらいたい。NGC4631の西3度ほどのところにNGC4395がある。光度10.2等、視直径12.9分の渦巻き銀河である。系外銀河としては、比較的視直径の大きいものであるが大変淡い対象である。なお、写真にはしし座流星群の母彗星であるテンペル-タットル彗星が青緑色に写っている。

(46)おとめ座銀河団

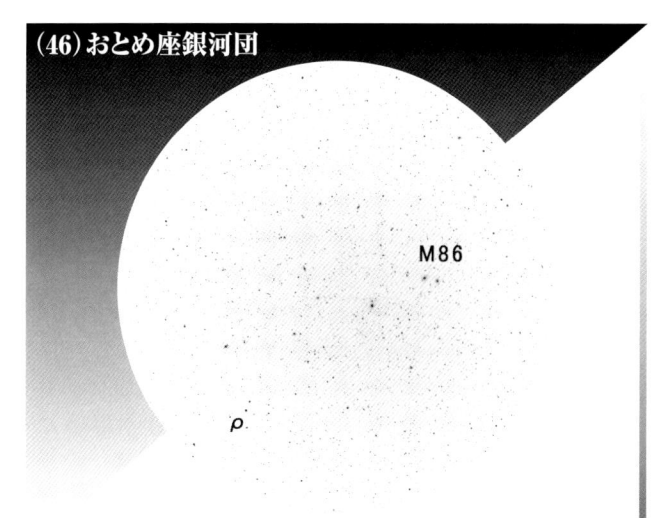

M86
ρ

M86, その他M天体多数

おとめ座のρ星の北西は多くの系外銀河が存在しており、この写真の中でも数百個を数えることができる。特に明るいのはM86で、この星雲を含む鎖のようにつながった銀河の群を写真撮影の構図にうまく配置するとおもしろい。この写真の中の系外銀河を詳しい星図で確認していくだけでも楽しいものがある。この写野に写っているM天体は、他にM58・59・84・87・88・89・90・91・98・99・100がある。

(47)NGC2477とガム星雲

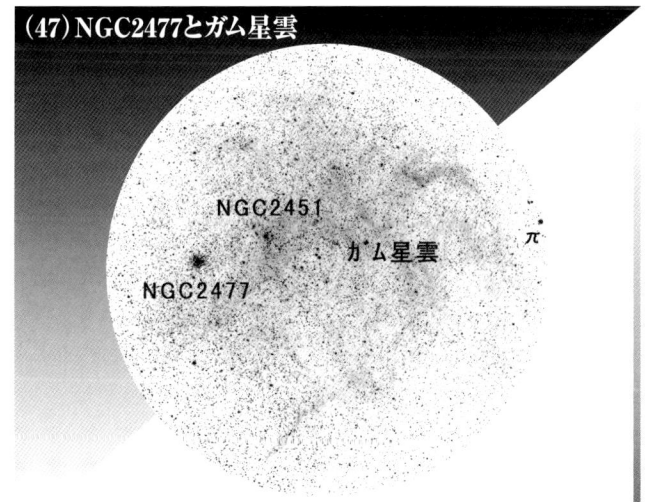

NGC2451
ガム星雲
π
NGC2477

NGC2477, NGC2451, Gum Nebula

おおいぬ座η星から冬の銀河に沿って南東へ10度ほど南下したところに、接近した二つの散開星団NGC2477とNGC2451がある。集中度の高いNGC2477とまばらなNGC2451の組み合わせは、M46・M47と似ている。組写真にしたいところである。この星域は巨大な赤い散光星雲（90度×40度）のフィラメント構造の濃い部分である。写真でもはくちょう座の網状星雲と似たような構造に気づくことができる。赤がよく写るエクタクロームE200を用いれば、両方をうまく撮影できるだろう。

(48)ガム星雲1

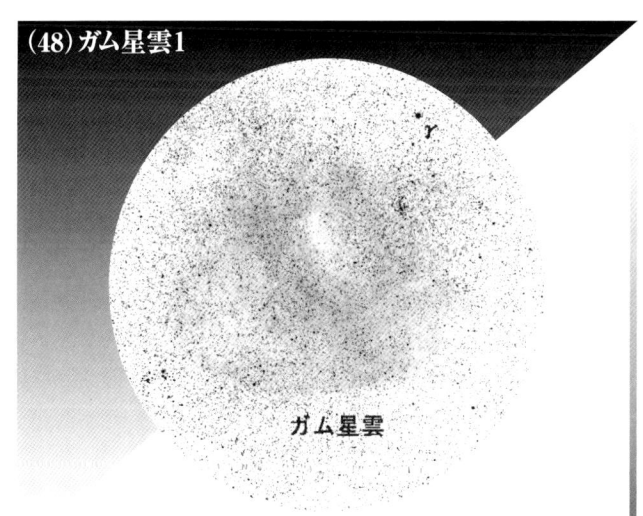

γ
ガム星雲

Gum Nebula

ほ座を中心に広がる巨大なガム星雲の中でも、γ星とδ星の間に広がる部分が最も赤い星雲の輝度が高い場所である。写真的に見てみると、円筒をよじったような複雑な構造に気づく。γ星の南2度ほどのところに散開星団NGC2547がある。青白い同じくらいの明るさの星が多数集まっている。小口径の低倍率でも美しい姿をとらえることができるだろう。

(49) ガム星雲2

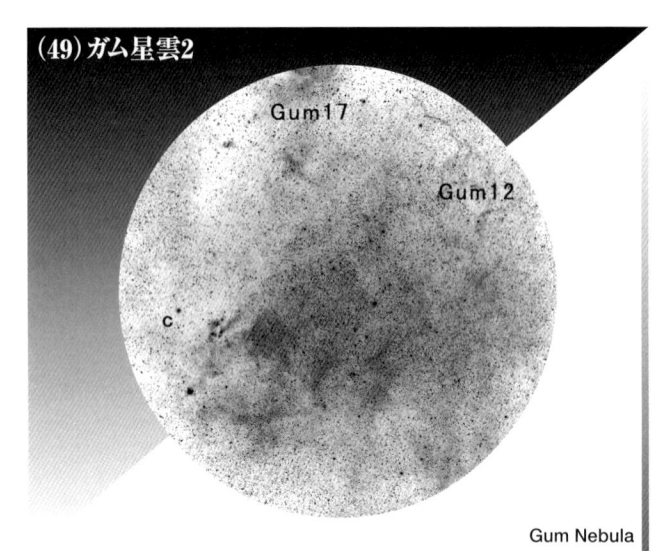

Gum Nebula

　γ星とλ星の間にある部分である。この場所は，ガム星雲が最もいろいろな顔を見せているところで，ネガを用いて撮影されたこの写真は，星雲を大変階調豊富な姿にとらえている。Gum12は，はくちょう座の網状星雲と似たフィラメント構造を見せ，c星の付近は，はくちょう座のγ星付近の構造と似ている姿を見せている。

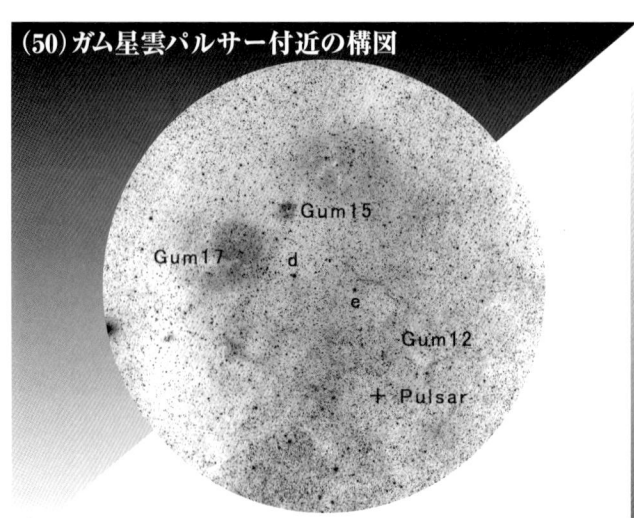

(50) ガム星雲パルサー付近の構図

Gum Nebula, Vela SNR

　Gum12のフィラメント構造の内側にパルサーが位置している。この写真もネガで撮影されたもので，それぞれの星雲の表情の違いをよくとらえている。特にGum15・Gum17付近の星雲の色合いの違いに注目して欲しい。カラー撮影では，モノクロ撮影では得られない多くの情報を得ることができる。色相と明度をきちんと客観的に測定することにより，それぞれの星雲が発している波長とその強度を知ることができるのではないだろうか。

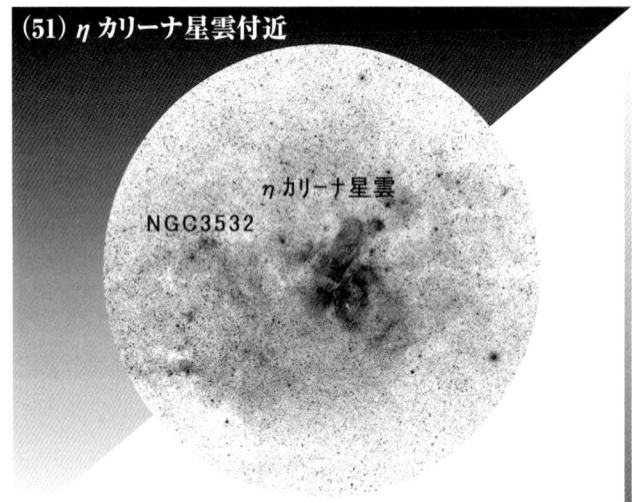

(51) ηカリーナ星雲付近

NGC3372, NGC3532, IC2602

　南十字座の東側にαケンタウルス・βケンタウルスの輝きがあり，西側に南の銀河がひときわ濃くなっている部分がある。その部分に双眼鏡を向けると，写真とほぼ変わらない姿のηカリーナ星雲を見ることができる。小口径の低倍率でも，暗黒帯や星雲の複雑な構造が立体的にみえて，じっと見ていると，そのまま宇宙空間に引き込まれてしまうような感覚になる。そして，中央にはキー・ホール（鍵穴）と呼ばれる，ドアの鍵穴と似た暗黒星雲がある。この鍵穴の向こうには，異次元宇宙が広がっていそうな気がしてくる。ηカリーナ星雲から東北東3度には大型の散開星団NGC3532，南5度には南のプレヤデスと呼ばれる，さらに大型の散開星団IC2602がある（写野の端に少しだけ姿を見せている）。

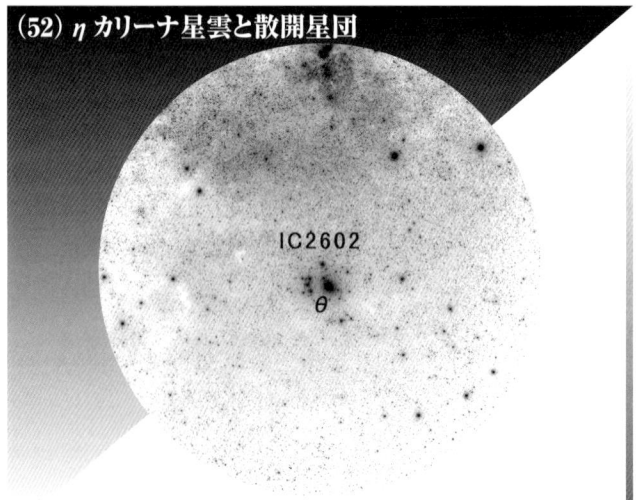

(52) ηカリーナ星雲と散開星団

IC2602

　ηカリーナ星雲から南に5度ほどのところに，θ星を中心とする南天でも美しい散開星団の1つがある。青白い星の輝くその姿から南のプレヤデスとも呼ばれ，写真では，薄雲が通過したためにさらに星々の青白い色が強調されている。眼視的にも美しく，低倍率でじっくりと眺めてみたい対象である。

(53) バット星雲付近

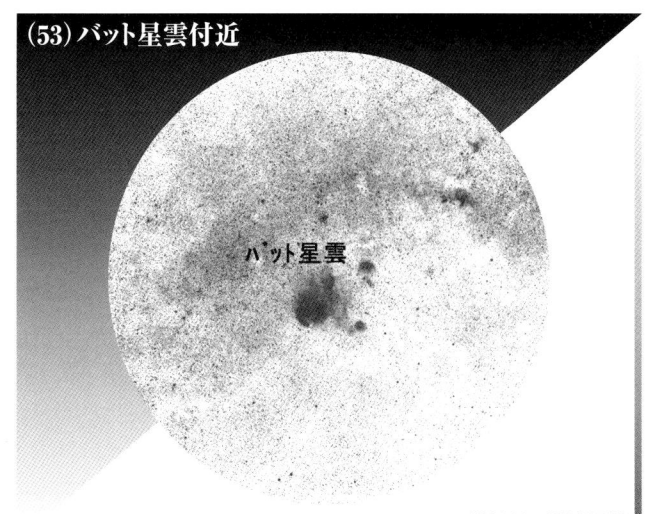

IC2944, NGC3768

　南十字座とηカリーナ星雲の中ほどに散開星団NGC3768があり、その南2度ほどのところに、まるでコウモリが翼を広げた姿をした赤い散光星雲が存在する。南天で見られる赤い散光星雲としてはηカリーナ星雲に次ぐものであり、南天を見るために南半球を訪れた者にとっては、大マゼラン星雲と小マゼラン星雲のごとき関係ともいえ、絶対に見逃せない対象である。この付近の銀河の中には、いくすじもの暗黒帯が見られる。へびつかい座θ星近くにあるS字状暗黒星雲付近の銀河と状態が似ている。

(54) 南十字座

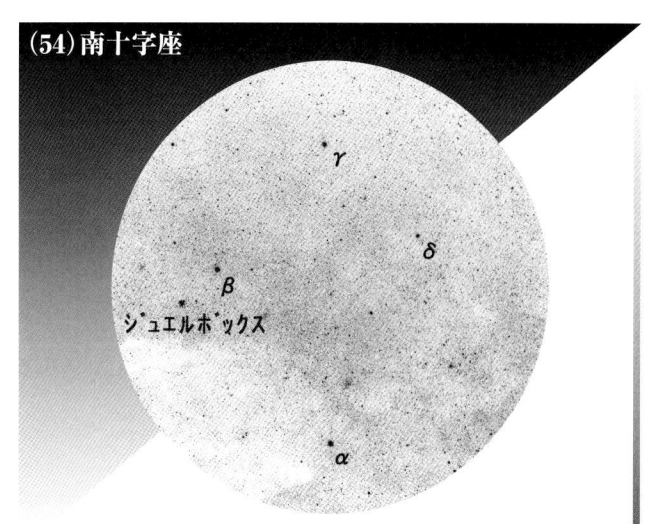

NGC4755

　北半球に住み、日常の生活において南天の空をみることができない私たちにとって、この「南十字」という響きに一種のあこがれに近い感情を持つ人は少なくないであろう。全天の中で最も小さい星座で、ちょうどシュミットカメラの写野にすっぽりと入る大きさである。この中の1等星が2個、2等星3等星が各1個ずつで創る十字形は見事である。写野には数多くの散開星団がみられるが、その中で最も有名なものが、宝石箱（ジュエルボックス）と呼ばれるNGC4755である。β星ミモザの南東1度にあるこの星団は、視直径10分とあまり大きくないが、この中に比較的明るい星がバラバラとあり、まるで高価な宝石をまき散らしたような姿からこう呼ばれるのであろう。

(55) コールサック

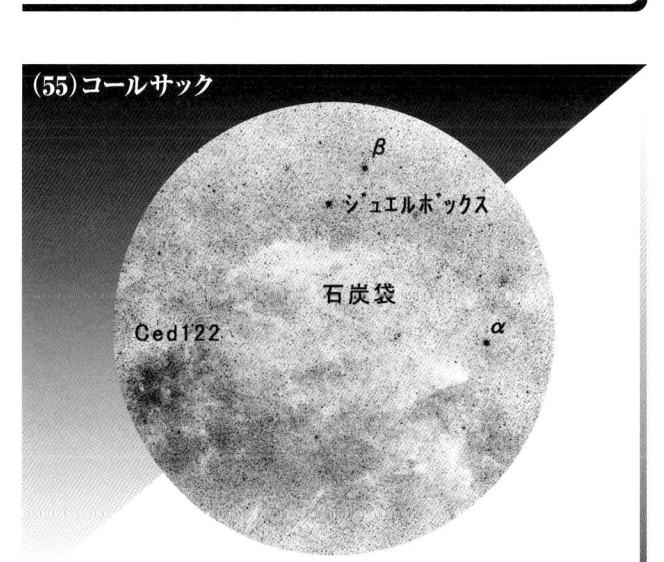

コールサック, Ced 122, NGC4755

　南の銀河の最もにぎやかなあたりに位置する南十字座であるが、その南十字座のすぐ南東に真っ黒にぽっかりとぬけて見える部分がある。これがコールサック（石炭袋）と呼ばれる暗黒星雲である。オーストラリアの原住民は、オーストラリアの珍鳥エミューが卵をだいている姿とみていた。しかし、写真でみると意外に多くの星があることがわかる。エミューのくちばしの先には、直径3度ほどに広がる赤い散光星雲Ced 122がある。コールサック以外にも複雑な形をした暗黒星雲が多数見られ、大変おもしろい星域である。

(56) ケンタウルス座ω星団付近

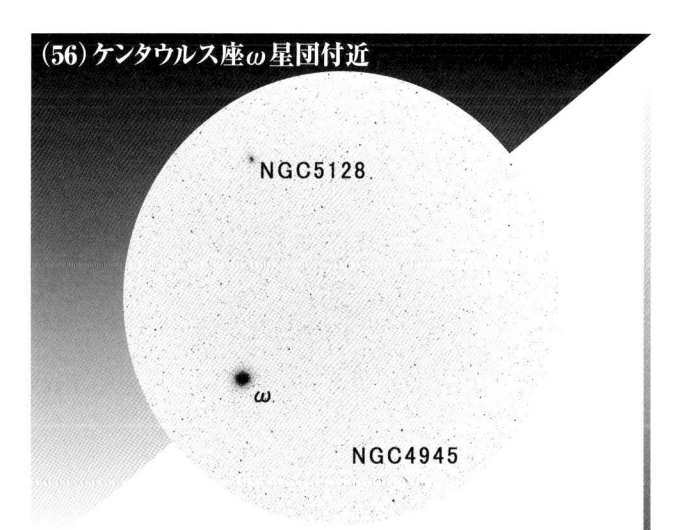

NGC5139（ω星団）, NGC5128, NGC4945

　ω星団は日本でも観察可能な全天一の大きな球状星団である。しかし、東京での南中光度は7度と大変低く、地平線までよく見渡せる場所と空の澄んだ夜が必要である。視直径は65分もあり、ニュージーランドにおいて35cmシュミカセで見たこの星団には圧倒された。写真では、ω星団の北4.5度にあるNGC5128（電波星雲ケンタウルスA：光度7等，視直径12分）と南西4.5度にある系外銀河NGC4945（光度9等，視直径20分×4分）が見られる。それぞれの天体が1つ1つでも、充分に写真的対象となるものである。

(57) ケンタウルス座 α・β 星付近

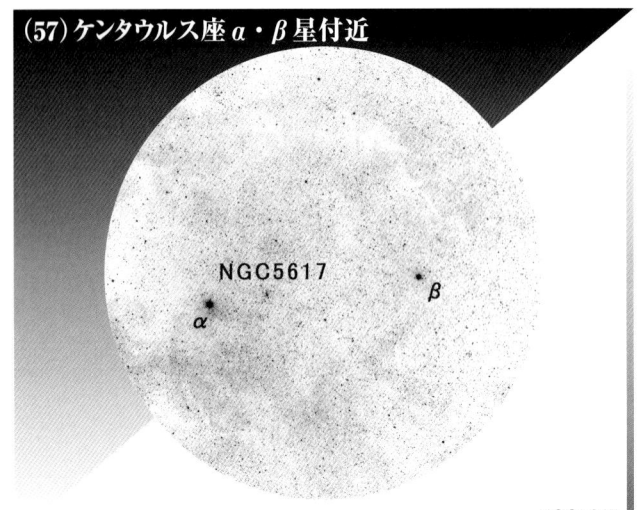

NGC5617

ケンタウルス座 α 星はリギル・ケンタウルス，β 星はハダルと呼ばれる1等星である。この付近の星域にも散開星団が数多くみられる。写真では，アルファ星の西1.5度にある散開星団NGC5617が最もよく目立つ。北側には長さ3度以上もあるフィラメント状の暗黒星雲もみられるが，この暗黒星雲には星雲番号がついていない。また，この星域には大きさも濃淡もさまざまな数多くの赤い散光星雲が見られる。

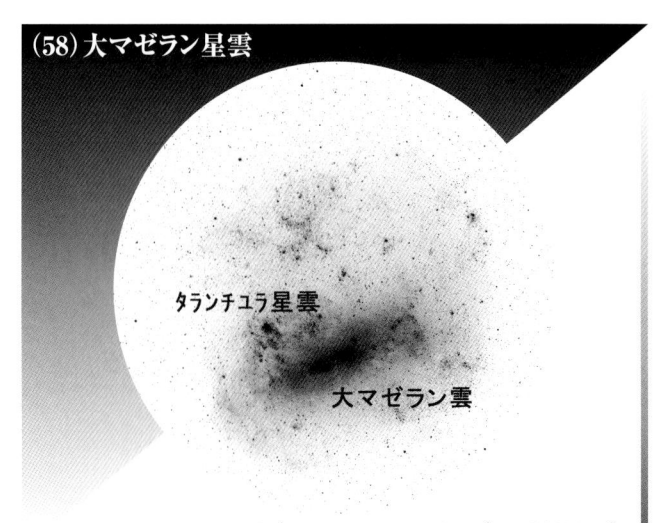

(58) 大マゼラン星雲

LMC（Large Magellanic Cloud），NGC2069／70

世界一周をしたマゼランにちなんで名づけられている星雲である。大・小マゼラン雲とも，南の銀河から少しはなれたところに，2つのちぎれた雲のように浮いているのが肉眼でよくわかる。双眼鏡で見ると，ほぼ写真のような形に見える。大マゼラン雲の中には，多くの赤い散光星雲が点在しているが，その中でも最大なのがタランチュラ星雲（NGC2069／70）である。大マゼラン雲が大きいので小さく感じるが，視直径は中心部が満月大で，周辺も含めると1度ほどもある。眼視・写真ともにぜひねらってみたい対象である。

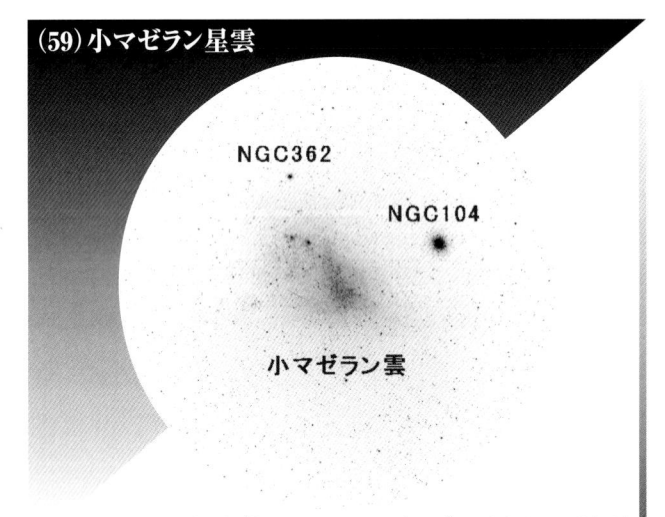

(59) 小マゼラン星雲

SMC（Small Magellanic Cloud），NGC104，NGC362

大マゼラン雲の半分ほどの大きさがある。星雲中に特徴のある天体はみられないが，すぐ東側に全天屈指の見事さを誇る球状星団NGC104がある。ω星団に次ぐ明るさと大きさを持ち，その昔に5等星と間違えられ，きょしちょう座47番星の名前がつけられている。すぐ北側にも球状星団NGC362があり，大マゼラン雲付近の星域に劣らず興味深い場所となっている。大・小マゼラン雲ともに写真で撮影すると鮮やかな青色に写り，その中に赤い散光星雲が点在する姿は大変美しい。

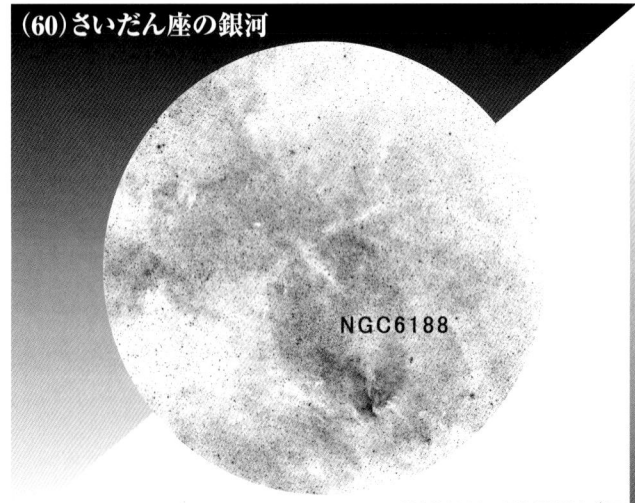

(60) さいだん座の銀河

NGC6188，NGC6164／65

さそり座のζ星から西南に10度，さいだん座とじょうぎ座の境界に，大きく羽根を広げたような比較的大型の赤い散光星雲NGC6188がある。頭の部分には青い構造も見られ，色彩豊富な星雲である。この星雲のすぐ西側に2枚羽根のスクリューのような形をした小さい星雲NGC6164／65があり，長焦点で拡大撮影してみたい対象である。写真中央部には十字形の暗黒星雲もあり，興味深い星域である。

(61) オリオン座リゲル西部の散光星雲（CPによる画像強調処理）

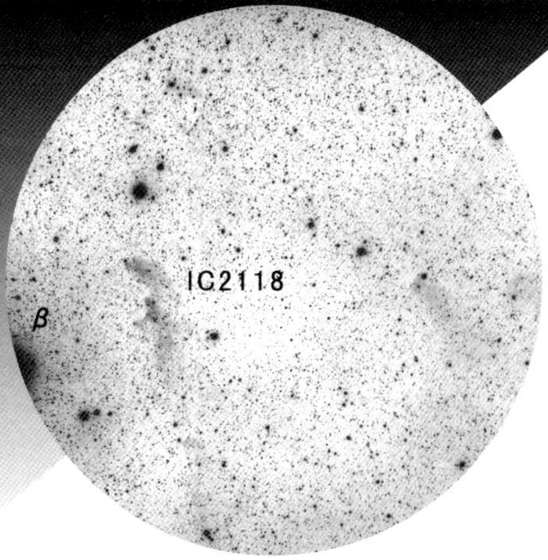

IC2118

バーナードループはリゲル付近で南端が拡散する。この付近は，赤い散光星雲と青い反射星雲の交錯する星域である。コンピュータの画像処理により，画像を強調していくと赤と青の星雲が入り乱れている様子が浮かび上がってくる。星間物質の豊富な星域は，このように黄色い星雲も含めて，複雑にガスが広がっていると考えられる。IC2118の西5度には無名の赤い散光星雲が存在している。

(62) M42西部の淡い散光星雲（CPによる画像強調処理）

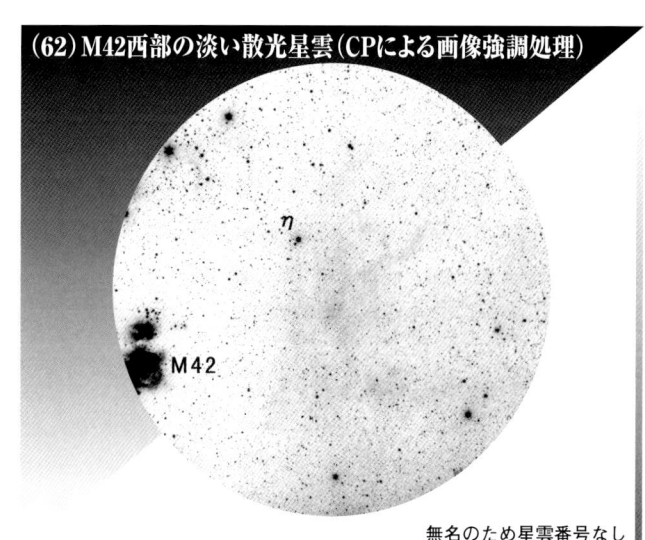

無名のため星雲番号なし

η星の西側には大型の青い反射星雲が存在している。しかし，ネガ2枚重ねなどのプリントでは少し濃度不足で星雲構造をはっきり描出することができなかった。写真的にはスバル周辺に広がる青い反射星雲より明るく写りやすい。これだけ大型の青い反射星雲はあまり多くは存在しないと考えられ，条件のよい空でどんどんねらって欲しい対象である。

(63) さそり座頭部の散光星雲（3枚合成）

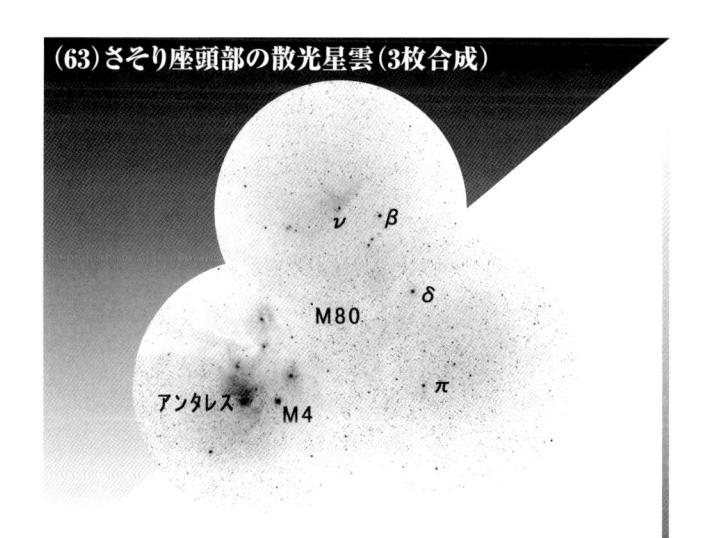

さそり座頭部も青い反射星雲が広がっている星域である。ν星とπ星付近は特に明るい部分で，星図にも載っている。しかし，日本で撮影可能な高さにあるにもかかわらず，撮影を試みたということはあまり聞いていない。私もニュージーランドで撮影し，その色を見て青い反射星雲であることがわかったほどである。ν星周辺の星雲はρ星付近のものと同じ輝度で写っているので，日本でも充分撮影可能である。π星付近のものは，複雑な構造をしている。

(64) オリオン座中心部

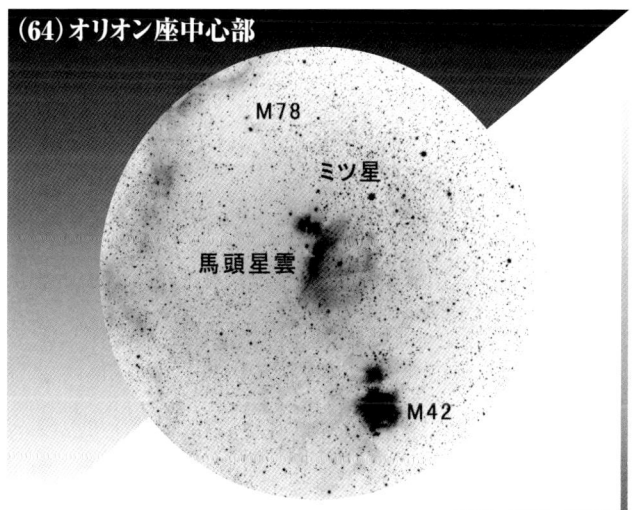

M42, M43, IC434

ポジフィルムで撮影したオリオン座中心部である。三つ星の真ん中に位置するε星のすぐ西側には，青い反射星雲があることに気づく。オリオン座全体をシュミットカメラでくまなく撮影して気づいたことであるが，東側はバーナードループをはじめとして赤い散光星雲が存在しているのに比べ，西側は青い反射星雲が多く存在しているのである。東が赤で西が青という対比はおもしろいものの，その理由について科学的に調査してみたいものである。

(1) さそり座アンタレス付近

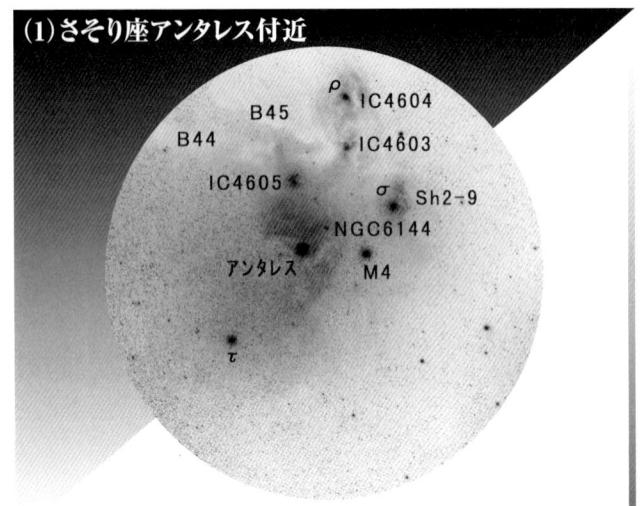

IC4603-4, IC4605, Sh 2-9, M4

　水素増感TP4415フィルムに，ノーフィルターでの撮影である。TPフィルムは，青から赤まで幅広い波長域でほぼ同程度の感度を持ち，暗く透明度のよい空であれば，ぜひノーフィルターで撮影したい。しかし，光害のある日本の空では，SC58くらいのオレンジフィルター以上のものを使用しないと，バックのかぶりで赤い星雲の形をうまく描写できない。もちろん，青い星雲の充分な描写は，あきらめてもらう必要がある。しかし，一見青の光りだけに見える星雲も，濃い赤のフィルターを用いて撮影した場合にも写ってくることから，単純に青色の波長域だけではないことがわかる。

(2) さそり座ζ星付近

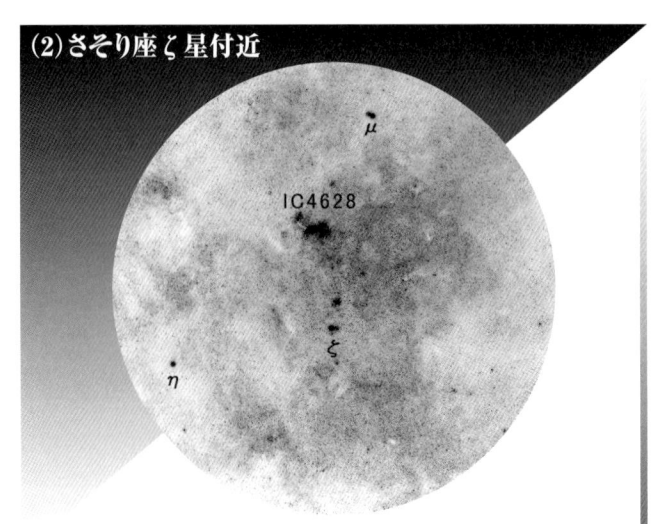

H12, IC4628, NGC6231

　SC58フィルターを用い，水素増感したTP4415フィルムで20分露出した写真。SC58はオレンジフィルターであり，適度に赤い星雲を強調し，銀河の濃淡も表現してくれる。カラー部に同じ場所の写真があるので，写り具合の違いを比べるとおもしろいだろう。この写真を見るかぎり，IC4628ははっきり写し出されているが，他の赤い星雲はカラー部の写真よりややコントラスト不足なように見える。カラー写真に写る色とは何か，改めて考えさせられる。

(3) いて座M24, M17, M16付近

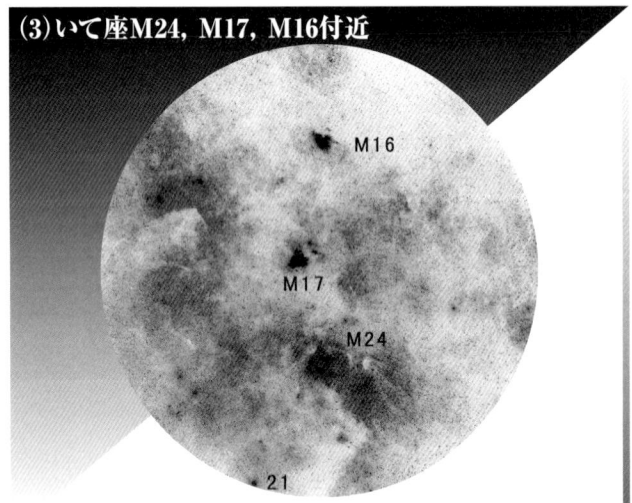

M24, M17, M16

　SC58オレンジフィルターを用いた撮影である。したがって，カラーページのものと比較すると，バンビの首飾りになっている2つの青い小星雲は写っていない。また，暗黒星雲や銀河の濃淡の描写も少しあまくなっている。しかし，赤い星雲のコントラストと広がりは確実に上がっている。フィルターは，モノクロ撮影の場合に色分解をするためのものであるが，日本の空では，光害カットフィルターとして用いることが多くなっているのが残念である。

(4) デネブ西部の散光星雲

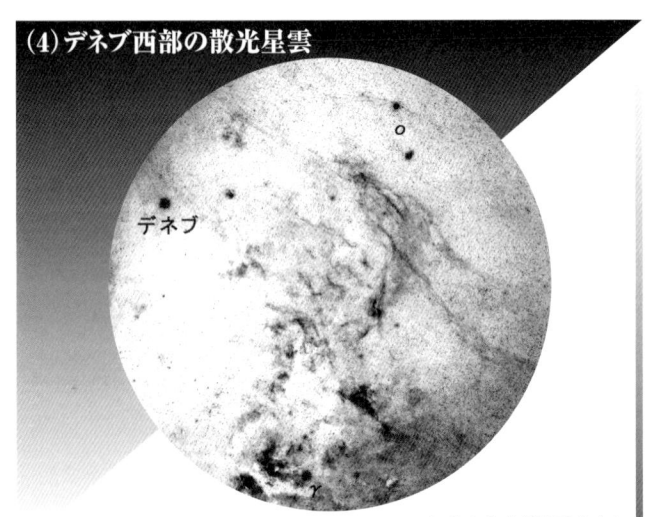

無名のため星雲番号なし

　水素増感TP4415フィルムに，SC64フィルターで1時間露出したものである。F1.5の明るさでの1時間露出は，F2.5の3時間露出に相当する。実際はさらに相反則不軌の影響もあるので，同じ濃度のネガを得るにはもっと多くの露出が必要になろう。写野の左端にデネブ，下端にガンマ星を配置した構図にしてあるので，星雲の位置を決める参考になるだろう。カラーページでも述べたが，さらに竜の首のような姿に見える。モノクロの方はフィラメント構造がいっそう顕著に描写されており，まるでうろこのようで，より迫力のある竜の首になっている。

(5) ケフェウス座IC1396付近

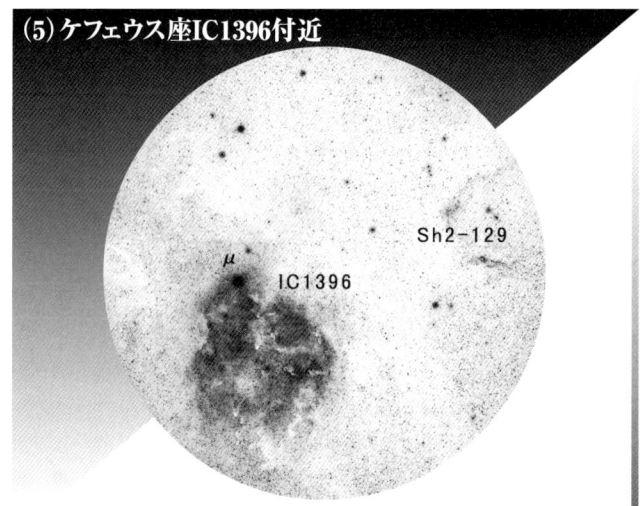

IC1396, Sh 2-129

　SC64フィルターを用いて，透明度の高い乗鞍岳畳平で撮影したもの。これ以上の写りは日本の空では期待できないだろうという条件である。確かに，星雲のコントラストは高く，複雑な星雲構造が描出されている。しかし，暗黒星雲はある程度表現されているものの，銀河の濃淡が平坦化していることに気づく。SC64フィルターは，赤い散光星雲の強調という面では非常に有効であるが，肉眼で感ずる波長域の光りは，はとんど切り捨てることになる。

(6) ペルセウス座カリフォルニア星雲

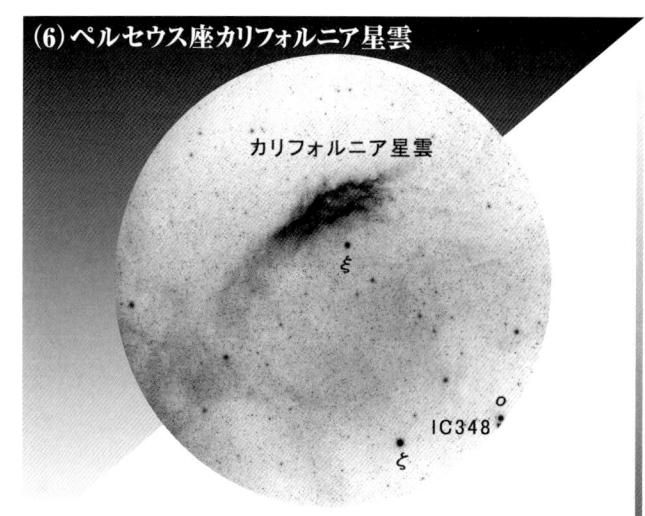

NGC1499

　この写真もSC64フィルターを用いているが，標高わずか2メートルの九十九里浜東浪見海岸での撮影である。波が足下近くまで打ち寄せる場所であるが，冬季は晴れていれば北東の季節風が常にあり，撮影時に塩害の心配はない。この写真を見ると，カリフォルニア星雲は円錐状の複雑な星雲構造の一部であることがわかる。この東西の星域も，撮影してその大きな構造を描出してみたいものである。

(7) ぎょしゃ座M36, M38付近

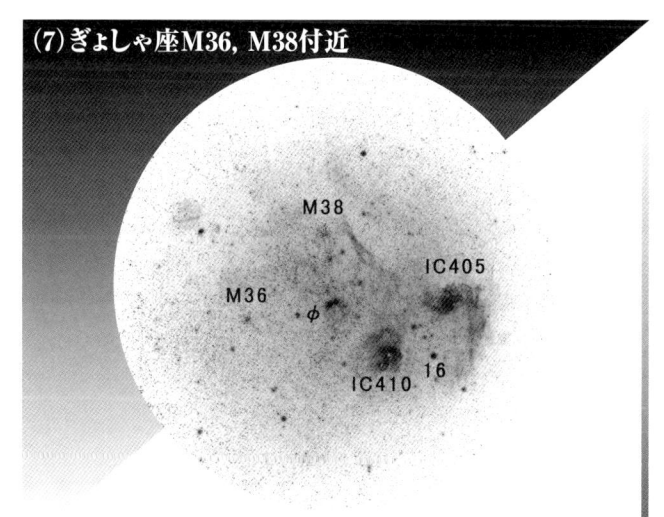

M36, M38, IC405, IC410

　SC64フィルターを用いた撮影である。カラーの部と比較すると，赤い散光星雲の写り方はほぼ同じである。このようにしてカラーとモノクロの写真を比較していくと，星雲の発している光の波長域をある程度うかがい知ることができる。写真をよく見ると，IC405からM38へ延びるよじれたような星雲構造がおもしろい。

(8) おうし座の超新星残骸S147

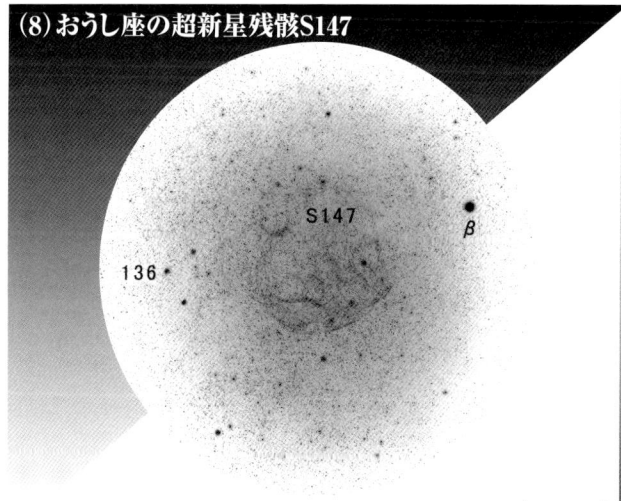

S147 (Sh 2-204)

　SC64フィルターを用いた撮影で，β星から136番星の間に広がる直径4度もある超新星残骸である。その細いフィラメント構造で構成される姿は，非常に芸術的である。この淡い対象を撮影するべく，多くの人が挑戦している。カラーでの撮影は困難をきわめ，私自身もコダックの天体撮影専用フィルム（PPF）にハイコン現像でやっとそのかすかな姿をとらえているだけにすぎない。3色分解を用いて撮影することにより，カラー化に挑戦したいと考えている。

(9) ふたご座M35, NGC2174付近

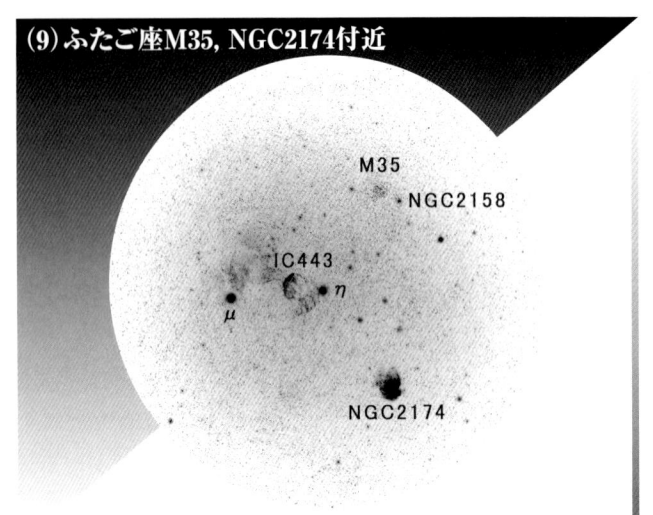

M35, NGC2174/5, IC443

SC64フィルターを用いた撮影。ぎょしゃ座IC405付近同様，カラーの部と比較すると，赤い散光星雲の写りはほぼ同じである。NGC2174・IC443ともに明るい部分は輝度が高く，長焦点でじっくりとねらい，その星雲構造を描出してみたい星雲である。カラーでみるとこの星域も黄色い星雲が豊富であり，透明度の高い場所でオレンジフィルターを使用して撮影を試みたい。

(10) バラ星雲～SMon付近

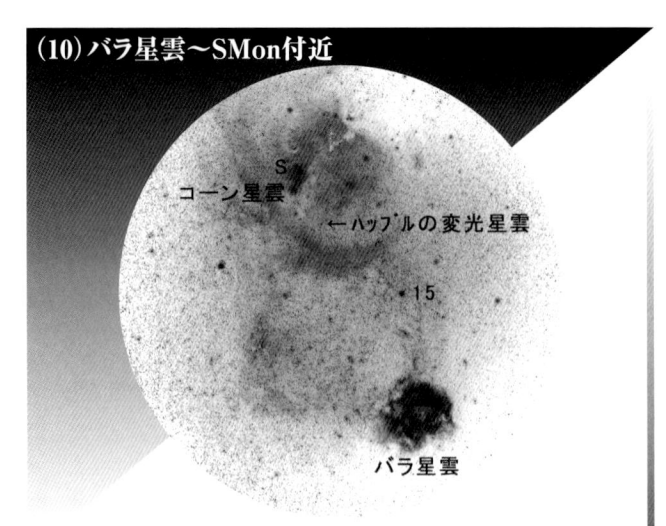

NGC2237-9・46, NGC2264

SC64フィルターを用いた撮影で，さらに赤い散光星雲のコントラストが高くなっている。ここは冬の銀河の中であり，銀河のコントラストが高いのでカラー撮影では星雲の淡い部分は埋もれてしまう。写真を見るとバラ星雲～SMon付近の星雲は，構造的につながっているように思える。

(11) いっかくじゅう座わし星雲

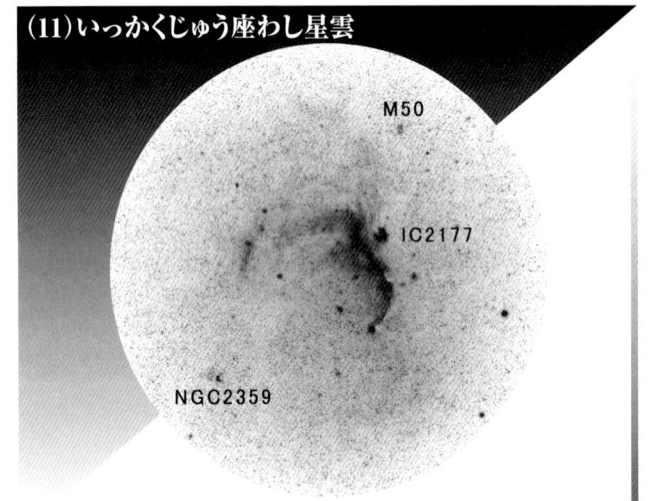

IC2177, M50, NGC2359

SC64フィルターを用いた撮影。カラーよりも赤い散光星雲の広がりが強調されている。わしの翼は2枚ではなく，さらに北と南へのびる薄い翼があることに気づく。このような構造の描出はフィルターの効果によるものである。モノクロ撮影は，このようにフィルターワークによって面白さが倍増してくる。フィルターの種類を変えて，いろいろな星雲の姿を表現することも楽しみの一つとなる。

(12) オリオン座エンゼルフィッシュ星雲

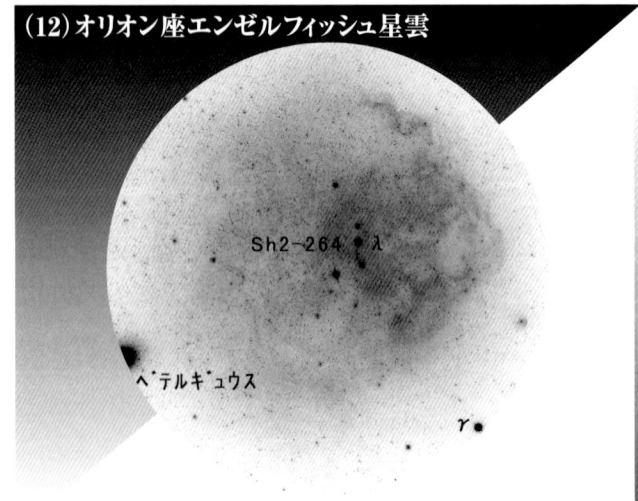

Sh 2-264

SC64フィルターを用いた撮影。カラーではとらえにくかったこの星雲も，コントラスト高く星雲構造を描出できている。少し銀河から離れてくることにより，淡い星雲の光をとらえやすくなっていることもある。エンゼルフィッシュの背びれの部分はくねくねと曲がり，フィラメント構造に近い。この部分には青い星雲も存在しているので長焦点でねらい，その構造を詳しく描出してみたい。γ星の北北西2度には，恒星を取り囲むように円形の小さな散光星雲vdB38がある。

(13) バーナードループ～馬頭星雲

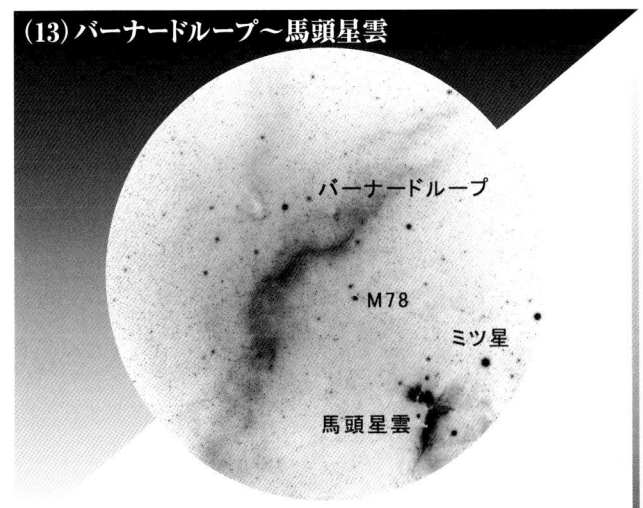

Sh 2-276, IC434, M78

SC64フィルターを用いた撮影。写真全体に白っぽく星雲が広がり，カラーの部で赤い散光星雲で埋めつくされていた星域であることの証明となっている。バーナードループの北端は二股に分かれ，北方向と北西方向にねじれながら拡散している。M78のすぐ東側がバーナードループの最も輝度の高い部分であり，この場所を長焦点で拡大してみたい。

(14) バーナードループ～M42

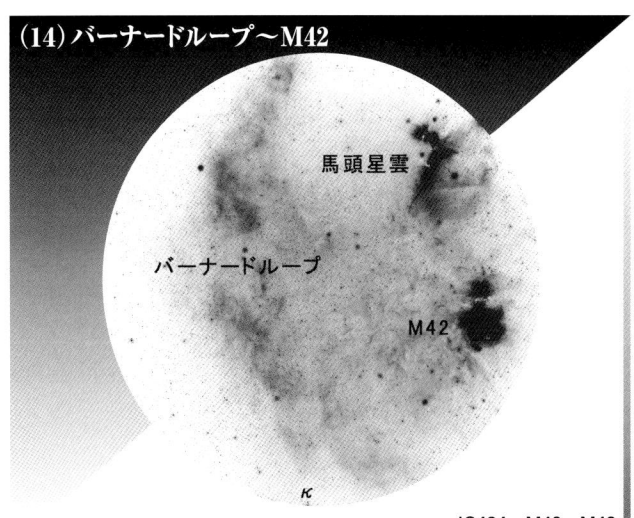

IC434, M42, M43

SC64フィルターを用いた撮影。M42からバーナードループの南部分へつづく，星雲構造に注目して欲しい。ここでの星間物質の流れはどのようになっているのだろうか。じっとこの写真を見ていると，長い時の流れの中でゆっくりと変化する星雲の様子を思い描いてしまう。TPフィルムを使用したモノクロ撮影では，その粒状性の細かさによって星雲の微細構造が描出されるので，星雲の動きを感じるくらいの写真になる。

(15) オリオン座リゲル西部の散光星雲

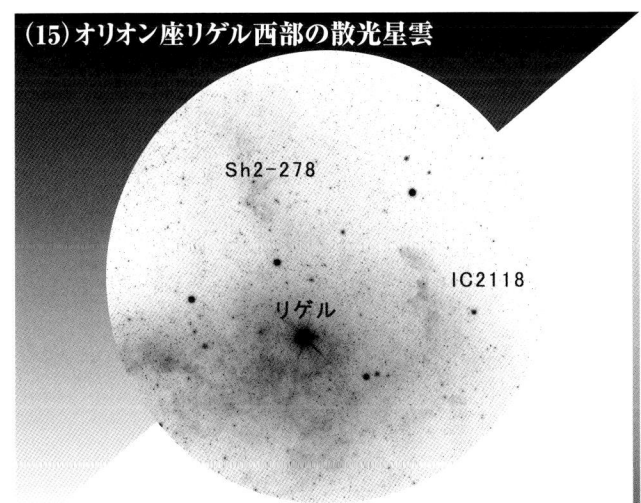

NGC2118

SC64フィルターを用いた撮影。中央下の輝星はリゲルである。この写真はリゲル付近のバーナードループの構造をよくとらえ，さらに西側のIC2118の内部構造の描出にも成功している。IC2118は，バーナードループという大きな星雲の一部分であることが，この写真から理解できるだろう。

(16) M42～バーナードループ下部

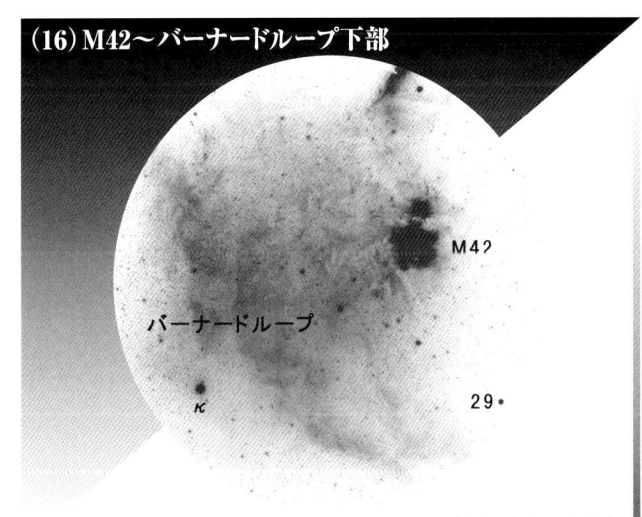

Sh 2-276, M42, M43

SC64フィルターを用いた撮影。M42から南でカールしている部分のバーナードループである。この写真においても，M42とバーナードループとが相関連する大きな星雲を構成していることが理解できる。撮影を試みれば，κ星の東南側にも星雲の広がりをとらえられそうである。

【フォトアルバム索引星図】

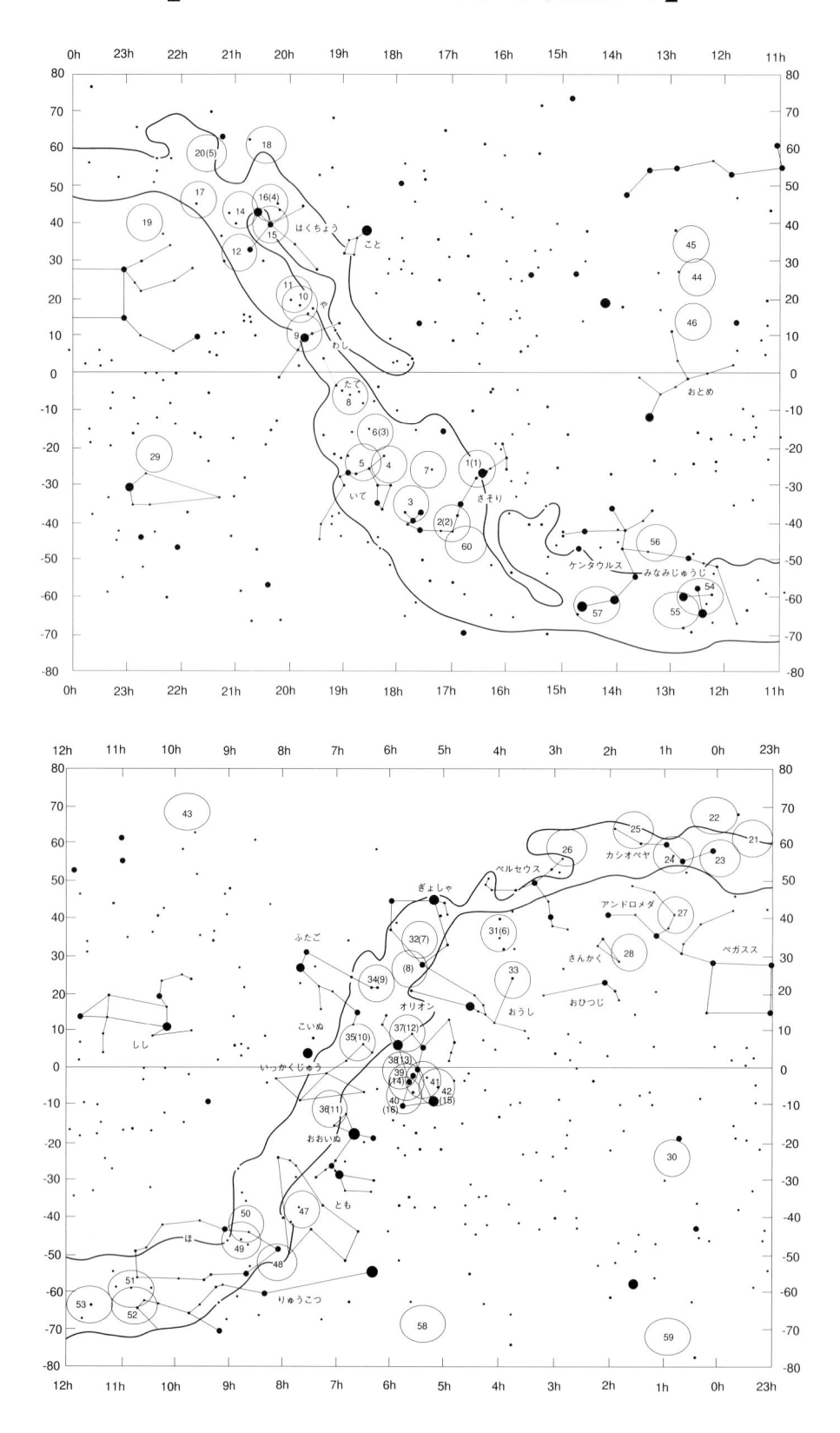

【フォトアルバム写真データ・リスト】

番号	星域	露出(分)	フィルム	フィルター	撮影	備考	番号	星域	露出(分)	フィルム	フィルター	撮影	備考
●カラーの部							41	M42西部の淡い散光星雲	15	E	—	N	
1	さそり座アンタレス付近	5	G	—	NZ		42	リゲル西部の散光星雲	15	E	—	N	
2	さそり座ζ星付近	5	G	—	NZ		43	おおぐま座M81, M82付近	15	E	—	S	
3	さそり座M6, M7付近	5	G	—	N		44	かみのけ座Mel.111付近	15	E	—	S	
4	いて座M8, M20付近	5	G	—	NZ		45	りょうけん座NGC4631付近	15	E	—	S	
5	いて座M22付近	8	G	—	N		46	おとめ座銀河団	15	E	—	S	
6	いて座M24, M17, M16付近	8	G	—	N		47	NGC2477とガム星雲	20	E	—	NZ	
7	S字状暗黒星雲付近	5	G	—	NZ		48	ガム星雲1	5	G	—	NZ	
8	たて座M11付近	10	E	—	N		49	ガム星雲2	20	E	—	NZ	
9	わし座γ星西部の暗黒星雲	5	G	—	N		50	ガム星雲パルサー付近の構図	5	G	—	NZ	
10	や座	10	E	—	N		51	ηカリーナ星雲付近	5	G	—	NZ	
11	こぎつね座M27付近	10	E	—	N		52	ηカリーナ星雲と散開星団	5	G	—	NZ	
12	はくちょう座網状星雲	5	G	—	N		53	バット星雲付近	5	G	—	NZ	
13	はくちょう座の散光星雲	5	G	—	N	CP合成	54	南十字座	5	G	—	NZ	
14	北アメリカ星雲付近	5	G	—	N		55	コールサック	5	G	—	NZ	
15	γ Cyg付近の散光星雲	5	G	—	N		56	ケンタウルス座ω星団付近	5	G	—	NZ	
16	デネブ西部の散光星雲	5	G	—	N		57	ケンタウルス座α, β星付近	5	G	—	NZ	
17	はくちょう座まゆ星雲付近	5	G	—	N		58	大マゼラン雲	5	G	—	NZ	
18	はくちょう座〜ケフェウス座	15	G	—	N		59	小マゼラン雲	5	G	—	NZ	
19	とかげ座の無名の散光星雲	20	HG	C	NC	コスモポリス	60	さいだん座の銀河	5	G	—	N	
20	ケフェウス座IC1396付近	15	E	—	N		61	リゲル西部の散光星雲	5	G	—	N	CP処理
21	カシオペヤ座M52付近	15	E	—	N		62	M42西部の淡い散光星雲	5	G	—	N	CP処理
22	ケフェウス座NGC7822付近	15	E	—	N		63	さそり座頭部の散光星雲	5	G	—	NZ	CP合成
23	カシオペヤ座NGC7789付近	15	E	—	N		64	オリオン座中心部	15	E	—	N	
24	カシオペヤ座NGC281付近	15	E	—	N		●モノクロの部						
25	カシオペヤ座M103付近	15	E	—	N		1	さそり座アンタレス付近	20	TP	SC58	NZ	カラー 1
26	ペルセウス座二重星団付近	15	E	—	N		2	さそり座ζ星付近	20	TP	SC58	NZ	カラー 2
27	アンドロメダ大星雲	15	E	—	N		3	いて座M24,17,16付近	20	TP	SC58	N	カラー 6
28	さんかく座M33付近	15	E	—	N		4	デネブ西部の散光星雲	60	TP	SC64	N	カラー16
29	みずがめ座NGC7293付近	5	G	—	N		5	ケフェウス座IC1396付近	60	TP	SC64	N	カラー20
30	ちょうこくしつ座NGC253付近	5	G	—	N		6	カリフォルニア星雲	70	TP	SC64	T	カラー31
31	カリフォルニア星雲	15	E	—	S		7	ぎょしゃ座M36,M38付近	60	TP	SC64	T	カラー32
32	ぎょしゃ座M36, M38付近	15	E	—	S		8	おうし座の超新星残骸S147	70	TP	SC64	T	
33	おうし座プレアデス星団	15	E	—	S		9	ふたご座M35,NGC2174付近	60	TP	SC64	T	カラー34
34	ふたご座M35, NGC2174付近	15	E	—	S		10	バラ星雲〜S Mon付近	60	TP	SC64	T	カラー35
35	バラ星雲〜S Mon付近	15	E	—	S		11	いっかくじゅう座わし星雲付近	60	TP	SC64	T	カラー36
36	いっかくじゅう座わし星雲付近	15	E	—	S		12	エンゼルフィッシュ星雲	60	TP	SC64	T	カラー37
37	エンゼルフィッシュ星雲	15	E	—	N		13	バーナードループ〜馬頭星雲	60	TP	SC64	T	カラー38
38	バーナードループ〜馬頭星雲	5	G	—	N		14	馬頭星雲〜M42	60	TP	SC64	T	カラー39
39	B. ループ〜馬頭星雲〜M42	5	G	—	N		15	リゲル西部の散光星雲	60	TP	SC64	T	カラー42
40	M42〜バーナードループ下部	15	E	—	N		16	M42〜バーナードループ下部	60	TP	SC64	T	カラー40

◇フィルム　　E：E100S　　G：Super G ACE400　　TP：水素増感TP4415　　HG：Super G400
◇撮影場所　　NZ：ニュージーランド南島テ・カポ湖周辺　　N：長野県乗鞍岳畳平　　S：長野県しらびそ高原　　T：千葉県九十九里浜東浪見海岸
◇備　考　　CP合成：複数コマをコンピュータによりつなぎ合成して広い星域を表現した写真
　　　　　　CP処理：コンピュータ画像処理により星雲構造や色彩を強調した写真
　　　　　　C：コスモポリスフィルター使用
　　　　　　カラー：モノクロ写真は，ほとんどがカラーと同じ星域であることから対応するカラー写真のナンバーを記載

●著者紹介

及川　聖彦（おいかわ　きよひこ）

1954年7月24日──岩手県水沢市に生まれる。
1973年3月────岩手県立水沢高等学校卒業。
1977年3月────弘前大学教育学部中学校教員養成過程卒業。
1979年3月────弘前大学教育学部研究生修了。
1979年4月────千葉県立仁戸名養護学校を振り出しに教員生活に入る。
1986年──────ハレー彗星接近を機会に本格的に天体写真をはじめる。
1993年──────20cmシュミットカメラを購入し改造。
1994年5月────ニュージーランド遠征から撮影を開始。
1998年5月────榎本司氏と共同でヘール・ボップ彗星のCD-ROMを作成。
現　在──────千葉市教育センターに勤務。千葉市に在住。

20cm F1.5シュミットカメラによる
星雲星団フォトアルバム
2000年5月10日　初版第一刷

著　者──及川聖彦
発行者──上條　宰
発行所──株式会社 地人書館
　　　　〒162-0835 東京都新宿区中町15
　　　　TEL 03-3235-4422　FAX 03-3235-8984
　　　　URL　http://www.chijinshokan.co.jp
　　　　E-mail　KYY02177@nifty.ne.jp
　　　　振替　00160-6-1532

印刷所──ワーク印刷株式会社
製本所──イマヰ製本

Ⓒ Kiyohiko Oikawa, Printed in Japan
ISBN4-8052-0651-9 C0044

Ⓡ＜日本複写権センター委託出版物＞
本書の無断複写は、著作権法上での例外を除き、禁じられています。本書を複写される場合には、日本複写権センター（電話03-3401-2382）にご連絡ください。